我會說話 我的簡報會說話

~釋放 PPT 的
思考力和說服力~

從　只會操作　　　　　躍　製作具有
　　PowerPoint軟體的　身　美觀×專業×說服力PPT的
　　簡報菜鳥　　　　　為　簡報達人！

恒盛杰資訊 著

松崗

我的簡報會説話：
釋放PPT的思考力和説服力

作　　　者　恒盛杰資訊

企劃編輯　顏緣
執行編輯　顏緣
版面構成　郭哲昇
封面設計　邢仁傑

業務經理　徐敏玲
業務主任　陳世偉
行銷企劃　陳雅芬
出　　　版　松崗資產管理股份有限公司
　　　　　　台北市中正區忠孝西路一段50號11樓之6
　　　　　　電話：(02) 2381-3398
　　　　　　傳真：(02) 2381-5266
　　　　　　網址：http://www.kingsinfo.com.tw
　　　　　　電子信箱：service@kingsinfo.com.tw

ISBN　　　　978-957-22-4382-4
圖書編號　XA15033
出版日期　2015年 (民 104 年) 2 月初版

國家圖書館出版品預行編目資料

我的簡報會説話：釋放PPT的思考力和説服力 /
恒盛杰資訊著. -- 初版. -- 臺北市：松崗資產管
理, 2015.02
　　面；　公分
　　ISBN 978-957-22-4382-4(平裝附光碟片)

1.PowerPoint(電腦程式)　2.簡報

312.49P65　　　　　　　　104001755

前言

在日常工作中，無論我們是要演講、工作彙報，還是要與客戶洽談，都需要用到 PowerPoint 這類具有強大簡報功能的辦公室軟體。它可以將演講者的思想視覺化、形象化，進而讓觀眾在最短的時間內，領會演講者要傳達的內容。而 PowerPoint 因其簡單易懂的操作方法深受職場人士的喜愛，但對於大多數的人來說，他們的程度僅僅是停留在「會操作 PowerPoint 軟體」之上，而「會用」和「用好」PowerPoint 是不一樣的！因此我們精心編著了此書，其內容涵蓋了投影片製作中的文字、圖片、色彩、排版、邏輯、圖案、圖表等重點，讓讀者在已經懂得如何操作軟體的基礎上，閱讀此書，從書中精心選取的近百個 PPT 製作要領中得到啟發，進而改善自己投影片中可能發生的外觀不夠吸引人、版面沒有規律、內容毫無邏輯可言的缺點。

各位讀者朋友們，請不要把這本書當作一本普通的 PowerPoint 軟體工具書！此書與目前市面上數不清的厚重工具書不一樣，它側重於為讀者提供一種概念，一種該如何把投影片做得更加美觀而充實的概念。書中每一個精華點都從正反兩面來舉例，讓讀者看到在不同情況下，製作投影片常犯的錯誤是什麼？而在這種情況下，又要從什麼觀點上來解決問題，製作出具有專業水準的投影片？不僅如此，在告訴讀者觀念的同時，還隨後附上了做出引人入勝的投影片所需用到的技術；這些技術都是一些簡單、讀者已經會用，或是以前沒有想到的技巧。瀏覽全書，你會發現，書中融合了邏輯學、色彩搭配學、應用數學等領域的知識，而這些知識都是採用漫畫的方式，深入淺出，以最輕鬆、最容易讓讀者接受的形式展現。

本書一共包括八章內容，囊括投影片製作的各項重點。第一章首先介紹了投影片製作中的文字應用，舉例講述如何漂亮地用好文字這個 PPT 天敵。第二章介紹了圖片在投影片中的應用，告訴讀者圖片是演示 PPT 的好伴侶，並講解了圖片的美化、與文字搭配的方法。第三章談到色彩的應用，講解了色彩的搭配方法，以及在投影片中用色彩來表現元素關係的思路。第四章講到了版面的設計技巧，說明合理安排投影片版面的方法。第五章則是關於投影片製作中的邏輯問題，圖文並茂地將 PPT 內容的邏輯類型進行歸納分析。第六章是圖案設計的內容，從精選的範例中講解圖案深層的意義。第七章和第八章都是在講圖表，不僅涉及不同類型圖表的選用，還詳細講解圖表製作中的地雷區域，以及很多讀者想不到的圖表變化形式。

本書特點主要表現在以下方面：

❖ **思路提點**：書中每個小節都是一個思路，從很小的「點」出發，全面講解怎樣在投影片中運用這個「點」，讓讀者能快速找到自己製作投影片時出現的錯誤及有效的解決辦法，並延伸出同類問題的解決思路。

❖ **循序漸進**：本書從 PPT 中最基本的文字開始講解，隨後介紹了圖片的應用、版面的設計、色彩的意義、邏輯關係的處理、圖案的高級設計，以及為資料選取合適的圖表類型，最後還介紹了如何將圖表更形象、適當地用在 PPT 中，是一系列由淺到深的知識點。

❖ **正反對照**：為了讓讀者更完善地領會投影片製作的要點，書中每一個範例都從正反兩個角度出發，而且反面範例都是選用日常工作中，多數人製作投影片會犯下的錯誤。在讓讀者認識到這些錯誤的同時，本書還從根本上進行提點，告訴大家解決問題的妙招。

本書內容豐富、圖文並茂，適用於略懂 PowerPoint 操作基礎，卻總是做不好簡報檔的人，例如：課堂教師、銷售人員、辦公人員、行政人員、秘書助理等等。希望廣大的讀者能在本書輕鬆有趣的講解下，一步步從一個只會簡單操作軟體的簡報菜鳥，轉變成專業的 PPT 製作達人！

作者

2014 年 11 月

1 很小的文字，很大的意義

2 PPT 的好伴侶──圖片

3 用色彩引起共鳴

4 版面設計技巧

5 理清你的邏輯思維

6 PPT 中的圖案可以更精彩

7 為資料量身訂做圖表

8 一樣的資料，不一樣的圖表

精選模板

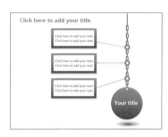

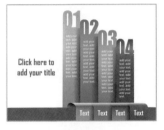
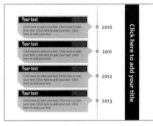
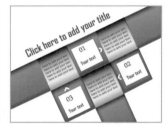

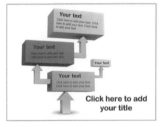
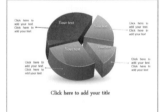

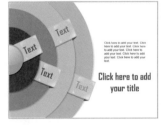

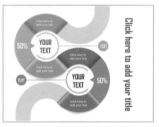

※ 還有其他數百款的精彩模板，速見隨書光碟的 PPT 範例！

1

很小的文字，很大的意義

1-1 慎用個性化的字體

唉，最近心情真不好，我做的PPT總是得不到好評。你看看，我去幫公司新人做職業訓練，大家卻覺得我的PPT文字很難辨識。但我明明就是故意選擇特殊字體，想要走比較特別的路線嘛！

你為了讓PPT看起來很有個性，所以把文字設定為個性化的字體，但這樣反而會妨礙文字內容的閱讀，大家對你的PPT評價當然就不是很好了。

情境思考

1. 你能一眼就看出第一張圖的文字所表達的訊息嗎？

2. 第一張圖使用了個性化的字體，但這是否真的能讓PPT頁面更加美觀呢？

3. 如果把字體改成第二張圖那樣，會有什麼好處？

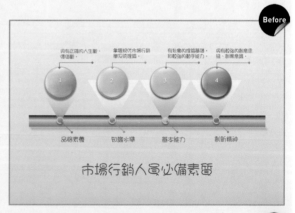

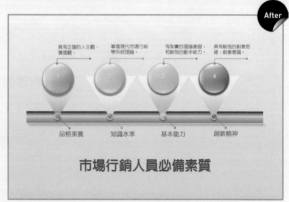

應用分析

使用個性化的字體，可能會讓 PPT 變得非常出色，也可能會讓 PPT 變得非常差勁。所以在不清楚觀眾喜好、不確定簡報內容是否偏向正式時，最好使用中規中矩的字體，至少不會獲得負評。如本例的兩張圖片所示，第一張圖除了標題以外，其餘的文字都要仔細辨認才能看懂；而第二張圖更改字體後的文字效果顯得既簡單又明朗，還能給人一種莊重嚴肅的感覺，更能符合內容主題。

完成 PPT 的製作後，可以將投影片頁面縮小，如果此時頁面中的文字內容仍然清晰可讀，那麼你選取的字體就是符合要求的。反之，就要考慮更換一種字體了。

拓展延伸

勇士 勇士 勇士 勇士

厚重 ────────────── 疏朗

粗筆畫字體的視覺面積較重，會產生一種壓迫感，進而形成視覺重心，具有強調的作用。細筆畫字體在視覺面積上比較淡、比較輕，結構顯得疏朗清透，視覺份量較小，也不會帶來壓迫感。

飄然 飄然 飄然 飄然

婉轉 ────────────── 剛勁

字體筆畫的曲直走向，同樣也賦予了字體不同的意義。線條直來直往的字體，給人一種坦蕩、乾脆、果敢的感覺，但也可能意味著死板與偏執；而曲線字體則給人陰柔、包容與婉轉感。

讀書 讀書 讀書 讀書

活潑 ────────────── 嚴謹

有趣的兒童字體能彰顯出稚嫩活潑感，所以經常會用在兒童題材或輕鬆詼諧的閱讀環境上。而結構嚴謹的字體，則會給人剛正不阿感，常用於莊重的場合。

提醒大家，因為每台電腦中安裝的字型不同，所以如果換了一台電腦播放做好的 PPT，可能就會出現字體改變的情況。要解決這個問題，只要在功能表列「檔案」→「選項」的對話方塊中，勾選「儲存」籤頁裡的「在檔案內嵌字型」選項，就能讓 PowerPoint 將字體「隨身攜帶」囉！

選擇符合情境的字體

老大啊，我的投影片頁面都使用同樣的字體，既方便辨認又很整齊，可是整體感覺還是不太對勁。為什麼咧？

不要激動呀，讓我們來分析一下原因吧！投影片中的文字字體保持一致又很好辨認，卻依然感覺不對，是不是因為你沒有選擇符合情境的字體呢？

情境思考

1. 投影片背景表達的意境是什麼？

2. 第一張圖上的字體，在視覺上傳達給觀眾一種什麼樣的感受？

3. 第二張圖選擇了另一種字體，其目的又是什麼？

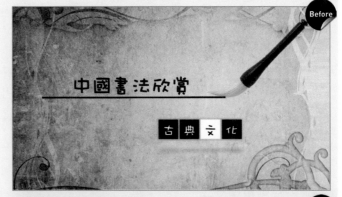

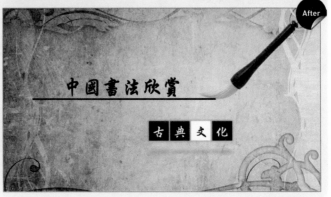

應用分析

字體和文字的關係，就好像是服裝和人的關係；人們在不同的場合會有不同的裝扮，同樣的，在不同情境下也要選擇不同的字體。第一張圖中的字體是「娃娃體」，這種字體很可愛，但是與投影片意境不符。而第二張圖則特地選取了書法字體，讓文字本身就充滿書法氣息，可以與主題相輔相成，十分恰當。

現在都明白了吧！選取合適的字體，不僅能增加頁面美感，還能突出內容的主題。投影片講究的不就是「一眼望穿」嗎？一定要讓觀眾在第一時間領會主題內容啊！

技術要點

STEP 1 設定標題文字的格式。

Tips：加粗字體有醒目的作用，還能讓人很容易就聯想到字型粗大的毛筆字。

STEP 2 設定副標題文字的格式。

Tips：副標題文字的顏色和背景形狀的顏色相反，增添了一點靈活性。

比較常見的「標楷體」、「新細明體」等字型，都是系統本身就有的，但是像「華康娃娃體W5」、「文鼎中圓體」等等的字型，就必須自行下載安裝了。你知道怎樣安裝字型嗎？

安裝字型的方法其實很簡單。只要將下載的字型解壓縮，並複製副檔名為「.ttf」的檔案，貼到字型安裝的資料夾即可。

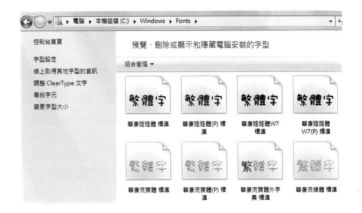

1-3 用立體文字來增加空間感

老大，老大，快教教我，我 PPT 裡面的文字總是太平面了，要怎樣才能加強投影片文字的立體效果啊？

你都不動腦筋！不是可以設定文字效果嗎？透過文字效果，就可以將平面的文字變為立體字，效果不是就出來了嗎？

情境思考

1. 觀察第一張圖的字母和背景形狀，它們的區隔明顯嗎？

2. 第二張圖和第一張圖的效果差別在哪裡？

3. 在對文字進行哪些設定後，就能夠製作出立體字呢？

應用分析

如上頁的第一張圖所示，圖中的所有文字都是平面的，畫面整體效果顯得十分呆板；而且字母和背景形狀的界限相當模糊，不利於辨認。但就像第二張圖那樣，如果為文字增加了立體感，頁面效果就能立刻和諧許多。

看到了吧？只要將 PPT 中的部分文字製作成立體效果的文字，就能在強調文字的同時，增加畫面的立體感了。也不要以為立體感的文字很難製作，其實只要在「文字效果」選單下稍加設定即可。

技術要點

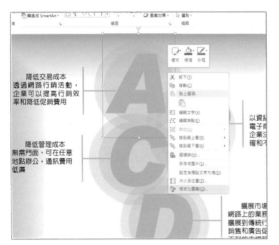

STEP 1 打開「格式化圖案」窗格。

Tips：雖然透過功能表列的選項也可以設定圖案效果，但會不方便進行效果的參數調整。

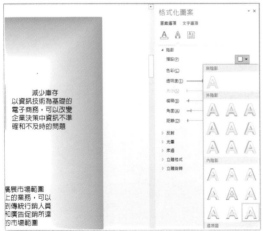

STEP 2 設定陰影效果。

Tips：一定要切換到「文字選項」籤頁下的「文字效果」，否則所做的設定會套用到文字方塊上。

STEP 3 設定立體格式效果。

Tips：在立體格式下可以設定浮凸參數，還可以設定深度的顏色。

STEP 4 設定立體旋轉效果。

Tips：設定立體旋轉效果時，可以點擊不同軸向的微調按鈕，即時觀察所選文字的變化。

方向選取按鈕：如果點擊微調按鈕卻無法發揮作用，就是方向選取有問題。

STEP 5 完成其餘字母的立體效果設定。

Tips：要設定文字的立體效果，主要就是設定「陰影」、「立體格式」和「立體旋轉」選項。

不要小看文字的圖片填滿效果

老大，我知道將文字放大及設定文字的顏色，都可以達到強調文字的效果。那該怎樣做，才能讓文字更有形象感一點，給人一種具體事物的特徵呢？

你可以試試文字的圖片填滿。千萬不要小看圖片填滿的效果喔！選取正確的圖片來填滿文字，就可以很輕鬆地讓文字的表現力更上一層樓了。

情境思考

1. 在第一張圖中，如果不閱讀文字，你能感受到餅屋的氣息嗎？

2. 第一張圖的視覺效果和第二張圖有何不同？

3. 用圖片來填滿文字，會對字體有什麼要求嗎？

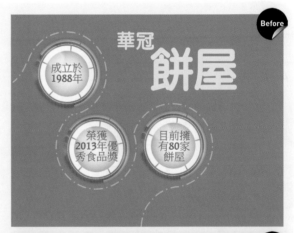

應用分析

觀眾只要閱讀 PPT 上的文字，就可以從中獲得相應的資訊。但如果文字本身的形態就能傳達出一種概念，就可以讓觀眾第一時間從視覺上感受到重點。如本例投影片是介紹一家餅屋，第一張圖顯得很普通，如果不閱讀文字，是不能感知到頁面內容與糕點食品相關的；而第二張圖，只要稍微瞄一眼，視線掠過由餅乾圖片填滿的文字上時，就能立刻感受到濃濃的餅乾氣息。值得注意的是，設定圖片填滿的字體最好是線條比較粗大的字體，以便顯示填滿的圖片。

根據 PPT 不同的主題，還可以填上不同材質的圖片，例如：金屬、大理石、布料……等等。

技術要點

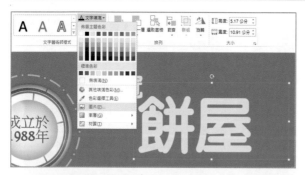

STEP 1 選擇圖片填滿方式。

Tips：如果設定的是整個文字方塊中的文字，只需選中該文字方塊即可；如果只想設定部分文字，則需單獨選取需要設定的文字。

STEP 2 選取圖片。

Tips：這裡需要事先準備好圖片。

STEP 3 點擊「文字效果格式」，打開「格式化圖案」窗格。

Tips：在快顯功能表裡點擊「格式化圖案」選項後，也可以打開設定的窗格，但是此選項預設會打開設定文字方塊的籤頁，需手動切換到設定文字的籤頁。

STEP 4 調整圖片填滿。

Tips：設定了圖片填滿效果後，效果通常不會非常好，所以我們需要勾選「文字填滿與外框」下的「將圖片砌成紋理」選項，然後設定圖片在不同軸向的位移量。

知道了吧，利用圖片填滿可以獲得很逼真的效果，提高文字的表現力。但是選擇圖片是關鍵，一定要選擇品質好、真實感強，且具有明顯事物特徵的圖片，最好是截取圖片最適合的部分喔！

1-5 不要讓文字的間距影響閱讀

哎呀，老大，我又被經理罵了，他說我的 PPT 給人一種緊張的感覺。怎麼會這樣呢？

是不是你的文字間距不夠大，才會讓觀眾產生這種想法呢？文字也像人一樣，擠在一起就會有侷促感嘛！

情境思考

1. 第一張圖片帶給人什麼感覺？

2. 為什麼第二張圖片帶給人的感覺會比第一張輕鬆許多？

3. 文字的間距是不是越寬越好？

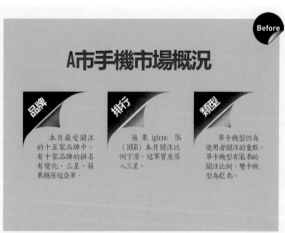

應用分析

字與字之間的距離太小，不僅會影響文字的閱讀，還會在無形中帶給觀眾緊張感。如第一張圖片所示，文字間距太小，尤其是英文字甚至已在邊緣部分重疊了，非常不好閱讀；而在加大字距的第二張圖片裡，侷促感自然就消失了。當然，加大字距也是有限度的，字距太寬反而會給人一種不專業的感覺，所以調整原則應在方便閱讀的情況下為佳。

讓觀眾帶著輕鬆的心情迅速接收到 PPT 所要傳達的資訊，一定會讓你的演講事半功倍的。

技術要點

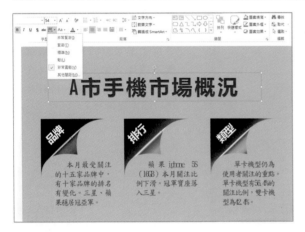

STEP 1 調整標題的字距。

Tips：由於標題文字的字級較大，而且又做了加粗，所以間距可以稍微大一點。

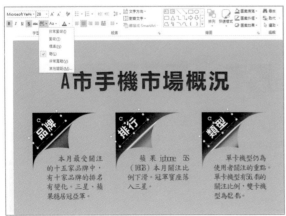

STEP 2 調整小標題的字距。

Tips：調整文字的間距還要考慮周圍的形狀，不要讓文字超出為文字所設計的背景形狀。

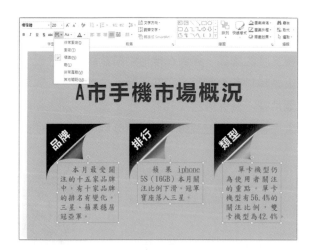

STEP 3 調整正文的字距。

Tips：正文文字較多，而且字級較小，所以間距通常會選擇「標準」距離。

所以說，就算是文字間距這種「小」問題，也是值得好好琢磨的。如果「字元間距」下拉式選單中的預設選項都無法讓你滿意，你也可以在「字型」對話方塊中自行設定喔，如左圖所示。

1-6 文字的排列順序要有邏輯

唉，有人說看我的 PPT 文字就是一堆，分不清主次關係。可是 PPT 的文字本來就是精簡過的了，那麼少的文字不是一眼就看完了嗎？

PPT 中的文字雖然少，但是你還是要為讀者考慮，用心將這些精簡過的文字排列出主次，就能讓讀者賞心悅目了。

情境思考

1. 在右邊的範例 PPT 中，綠色色塊裡的文字有沒有明顯的主次之分？

2. 從內容和版式上來看，第二張圖比第一張好在哪裡？

3. 第二張圖改變了綠色色塊中的文字排列順序，又加大了第一行字體，好處是什麼？

應用分析

PPT 中的文字不僅要少，還要讓讀者能以最輕鬆、最快的速度領會其意。上述的兩張圖片中，綠色色塊內的文字大致上是一樣的，但第二張圖根據文字的主次關係調整了排列順序和大小，變得更有條理，無論是從版式還是邏輯上來看，都勝過了第一張圖。

> 對於投影片中的文字排列順序，合乎邏輯永遠是首要的考量。在確保了文字的邏輯後，就可以進行版式的調整，調整時可適當增減字詞，如下圖所示。

長假歸來如何回復狀態
收拾辦公桌
合理處理郵件
提前一小時到公司
寫下今天要做的事情

長假歸來如何回復狀態
提前到公司
開始收拾辦公桌
合理地處理工作郵件
認真寫下今天做事的清單

技術要點

本書適用於初步進入職場的大學畢業生 ❷
本書還適用於中層管理者 ❹
本書也適用於處在職場瓶頸期的人 ❸
聽聽職場前輩們用心總結的職場經驗 ❶

STEP 1 理清文字的邏輯順序。

Tips：整理 PPT 中的文字邏輯順序時，可以從內容是否有明顯的時間順序、因果關係、主次關係、對立關係等來著手。

聽聽職場前輩們用心總結的職場經驗
本書適用於初步進入職場的大學畢業生
本書也適用於處在職場瓶頸期的人
本書還適用於中層管理者

STEP 2 調整文字的順序。

Tips：調整完文字的順序後，如果版式不如之前的好看，就要根據視覺效果來適當增減字數。

聽聽職場前輩用心總結的職場經驗
本書適用於初入職場的大學畢業生
本書也適用於處在職場瓶頸期的人
本書還適用於中層管理者

STEP 3 調整文字的大小。

Tips：設定文字字級要有規律，本例的第一行字是 32 級，第二行是 28 級，第三、四行是 20 級。

1-7 不要讓資料的單位影響內容專業度

氣死我了，我用心收集、整理了大量的資料，製作出一份簡報，誰知報告過後，經理卻說我不注重細節，讓內容顯得不專業！

先別忙著生氣呀！資料量多的 PPT 中，應該也含有很多種資料單位符號，是不是這些單位設定有問題呢？如果這些細節沒有處理好，當然會降低你的簡報水準。

情境思考

1. 你能在第一張圖中，找出你認為單位標示不正確的地方嗎？

2. 單位標示不統一，是否會對閱讀的流暢性產生影響？

3. 用英文縮寫或是中文字來標示單位，哪一個會比較好？

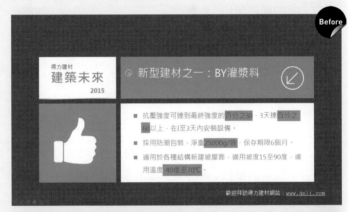

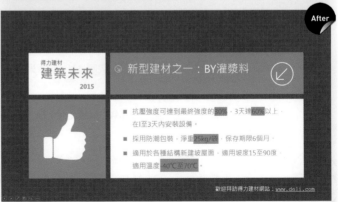

應用分析

對於 PPT 中數值類別的文字，應做到簡潔明瞭，因此資料單位要統一，且最好用英文縮寫來表示，這樣視覺衝擊會更強；另外，應將單位合理地設為最大值，例如用「kg」來代替「g」。處理好這些細節，不但可以讓觀眾在閱讀時更加流暢，同時也能傳達出專業嚴謹的感覺。

看看範例中的第二張圖，用英文縮寫來表示單位果然會醒目很多；而且將「25000g」換成「25kg」後，觀眾就不用花腦筋再做單位換算了。看來，單位事小，嚴謹事大啊！

數值單位規範：

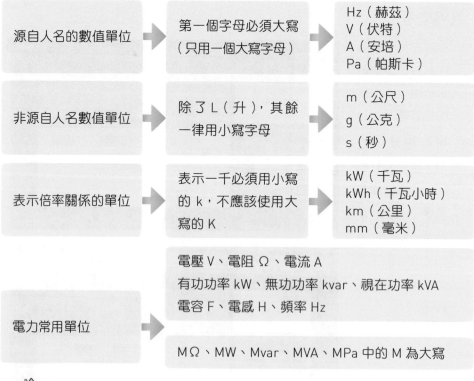

源自人名的數值單位	第一個字母必須大寫（只用一個大寫字母）	Hz（赫茲） V（伏特） A（安培） Pa（帕斯卡）
非源自人名數值單位	除了 L（升），其餘一律用小寫字母	m（公尺） g（公克） s（秒）
表示倍率關係的單位	表示一千必須用小寫的 k，不應該使用大寫的 K	kW（千瓦） kWh（千瓦小時） km（公里） mm（毫米）
電力常用單位	電壓 V、電阻 Ω、電流 A 有功功率 kW、無功功率 kvar、視在功率 kVA 電容 F、電感 H、頻率 Hz	
	MΩ、MW、Mvar、MVA、MPa 中的 M 為大寫	

其實有很多 PPT 製作者都不注重單位的書寫規範，還有人將「mA（毫安培）」寫成「MA（兆安）」，簡直是大錯特錯，貽笑大方啊！

1-8 恰當地為文字換行

最近我瀏覽了許多優秀的簡報檔案,發現他們的文字除了都是精煉過的以外,閱讀起來的連貫性也非常好,並沒有因為斷句而破壞了句義的完整性。這其中有什麼奧妙嗎?

當然了!在投影片中增加文字時,一定要認真地推敲句子該換行的地方,才不會影響文字的連貫性。

情境思考

1. 閱讀第一張圖時,你會不會覺得要理解句子的意思有點困難?

2. 第二張圖的句子在換行上有什麼特點?

3. 如何在為句子換行的同時,顧及版式的美觀性?

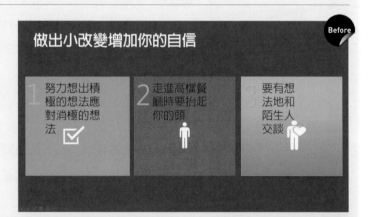

應用分析

本例第一張圖在不恰當的地方將句子斷開換行，要是句子表達的意思稍微複雜，觀眾可能就需要推敲好幾遍才能看懂，這與 PPT 簡化資訊傳達的主旨相違背。第二張圖將意思緊密的字詞連在一起為一行，保持了句子的連貫；而且還從版面上來考慮，適當修改了字詞來確保整齊性。

現代社會是一個步調快的社會，如果 PPT 中的文字都需要觀眾費力地理解意思，那觀眾很快就不想再看下去了。所以我們要做一個貼心的人，為觀眾提供最大的便利。

技術要點

STEP 1 根據版面需求，調整文字方塊到合適的大小。

Tips：調整文字方塊的大小，就可以將文字的換行限定在一定範圍內，有利於讓版面看起來整齊有序。

STEP 2 將語義聯繫緊密的詞語調整為同一行。

Tips：尤其不能把「詞」斷成兩行排列。

STEP 3 根據視覺審美，適當增減字詞。

Tips：只要在不影響原文表達的基礎上修改都行。

STEP 4 完成其餘文字的換行調整。

Tips：為了和最左邊的文字方塊統一，剩下兩個文字方塊中的句子，都要調整為兩行。

下雨
天留客
天留人不留

下雨天
留客天
留人不
留

不正確的換行，若只是導致
閱讀困難也就罷了，如果還
因此影響了語義的表達，誤
會可就大了！如左例所示。

1-9 你真的會正確地為文字增加項目符號嗎

老大，快幫幫我！我的工作彙報簡報檔被經理批評項目符號亂用，可是我覺得我增加的項目符號挺不錯的呀！

你不要自以為是、小看項目符號的使用哦！其實增加項目符號是有一定規範的，你太不注重細節了。

情境思考

1. 什麼樣的情況適合使用項目符號？

2. 第一張圖中的項目符號有哪些錯誤或不恰當的地方？

3. 你能迅速看清第二張圖裡各文字的層級關係嗎？

應用分析

項目符號是放在文字之前，用來強調或明確層級關係的一種符號。使用項目符號時，同一層級的文字符號要統一；而從視覺上來看，方形符號比圓形符號更適合做層級較高的項目符號。另外，為了加強效果，最好也將層級較高的文字加粗或加大。

■ 提高資訊量你可以這樣做
- 看新聞
- 瀏覽書報
- 快速閱讀雜誌
- 儘量傾聽別人說話
- 留意別人話中的有用訊息

不僅如此，若是在 PPT 中把項目符號無意義的居中，也是不好的做法，因為那只會帶來混亂感，如左圖所示。

技術要點

STEP 1 選中兩個文字方塊。

Tips：目的是同時去掉所有文字中的項目符號。也可以用鍵盤上的 Backspace 鍵來刪除符號。

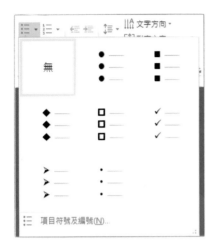

STEP 2 去掉項目符號。

Tips：將滑鼠移到選項上，就能即時看見文字套用此選項的效果。

STEP 3 選擇較高層級的文字。

Tips：若只是要為文字方塊中的部分文字增加項目符號，就不能選中整個文字方塊。

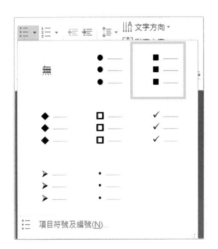

STEP 4 增加方形項目符號。

Tips：方形符號的視覺衝擊力比圓形符號強，因此這裡為標題選擇了方形符號。

STEP 5 繼續完成項目符號的增加，並加大標題的字級。

Tips：將標題的字級加大後，主次關係就更加明顯了。

1-10 對文字進行過多的強調等於沒有強調

老大，我心情好差呀！我花了很多心思做 PPT，還特別強調了重點文字，結果觀眾卻說我的 PPT 根本沒有重點！

這個嘛……我覺得問題就出在強調重點文字！肯定是你做了過多的強調，反而等於沒有強調了。

情境思考

1. 你能看出第一張圖中哪些內容才是重點嗎？

2. 兩張圖片中的文字背景形狀大小不同，這有什麼作用嗎？

3. 如何恰當地強調投影片中的文字？

應用分析

第一張圖用了不同的顏色來強調重點字詞，導致頁面中的文字顏色多達六種，畫面感不僅混亂，也因而看不出重點。觀察文字背後的圓形圖案，不難發現這些形狀的大小也具有強調內容的作用；所以這裡並不需要為每一個關鍵字詞都設定醒目的顏色，只需為主標題中的數字、次標題中的重點字設定顏色就行了。

PPT 中的文字顏色通常以黑色為主，如果是在紅色、深藍色這類型的背景上，也可以使用白色文字。若要設定文字顏色來強調重點，則彩色文字不宜超過所有文字的百分之二十。

技術要點

最新的腦科學研究指出，大腦也可以像身體那樣得到鍛鍊。只要讓腦積極接觸陌生領域，積極刺激海馬體的腦神經細胞，促進樹突的生長，就可以在日常生活中不知不覺地活化大腦，改善記憶力，增強腦活力。

這裡有12個簡單的提高記憶小方法，例如可以透過大聲閱讀書本、閉上眼睛再吃飯來喚醒你的身體。還可以經常使用左手、聽不同的歌曲，甚至是特地繞遠路來刺激不常用到的腦細胞，進而加強記憶。當然，補充營養也是方法之一，例如多吃早餐，維持自身的營養需求；或是增加咀嚼次數來提高腦部血流量，讓腦細胞更有活力。而透過快走這項運動，也能充分刺激大腦，改善腦活性；如果不想快走，還可以試試「手指操」，或是試著嘗試全新的運動。若想提高記憶力，還可以試試激發靈感的方法，例如記住成功的感覺，讓自己相信自身的價值；以及想到什麼說什麼，以此來抓住每一個稍縱即逝的靈感。

STEP 1 提煉主題。

Tips：想要強調 PPT 中的文字，首要之務就是將密密麻麻的文字做分級提煉，列出標題和正文的部分，那麼版面就會立刻變得語義清晰、重點突出。

提高記憶的12個小習慣

■ 喚醒身體
- ● 大聲閱讀
- ● 閉上眼睛吃飯

■ 刺激大腦
- ● 使用左手
- ● 聽不同的歌
- ● 特地繞遠路

■ 補充營養
- ● 吃早餐
- ● 多咀嚼

■ 加強運動
- ● 每天快走
- ● 多做「手指操」
- ● 嘗試全新的運動

■ 激發靈感
- ● 記住成功的感覺
- ● 想到什麼說什麼

STEP 2 將上一步提煉出來的文字，加到 PPT 上的恰當位置。

Tips：這裡提煉出來的文字共分為五個部分，其中有兩個部分內容略多一些，因此設計的背景形狀也分為五個部分，其中兩個形狀比較大。

STEP 3 調整字型大小。

Tips：根據層級關係，替加到 PPT 中的文字調整字型大小。

STEP 4 設定重點字詞的顏色，強調文字內容。

投影片中需要強調的文字通常是數字、時間、關鍵字、結論等，而強調的顏色可以選擇亮麗的紅色系、橙色系、藍色系、綠色系等。

Note

2

PPT 的好伴侶──圖片

2-1 用圖片表現 PPT 的核心內容

不知道為什麼，我的 PPT 做出來就是感覺很平淡，一眼看去也沒什麼吸引力。可是我的觀點明明都很有力啊！

你大概是不懂得替投影片配上圖片，所以才會導致頁面很平淡。如果你在 PPT 中加上能表現核心內容的圖片，就能讓簡報更吸引觀眾。

情境思考

1. 如果沒有閱讀文字，你能一眼看出第一張投影片的核心內容嗎？

2. 觀看哪一張投影片可以給你留下更深刻的印象？

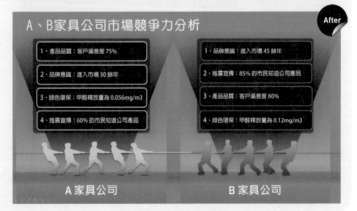

應用分析

第一張投影片中沒有圖片，除了文字說明，沒辦法從其他地方看出頁面的核心內容。而第二張投影片則十分醒目地將圖片擺在下方的位置；且圖片中拔河的兩隊人馬，又恰到好處地說明了投影片內容的核心——競爭，讓觀眾在看到投影片的當下就被圖片吸引，並在腦海中產生「競爭」的概念，提高了資訊傳播的效率。

在投影片中增加與主題密切相關、能加強核心內容的圖片，能為投影片帶來更強的視覺衝擊力；同時，圖片也能增加簡報內容的故事性，帶給觀眾趣味，而不像瀏覽純文字那樣枯燥。

拓展延伸

如果投影片的主題是合作，除了比較典型的握手圖片外，也可以將其他表現團隊的圖片加到投影片中。

如果投影片的主題是關於友誼的，則可以加上表現人物間親密友好關係的圖片。

如果投影片的主題與教育有關，則可以為投影片加上父母指導孩子學習的圖片，加強主題的意義表達。

在投影片中插入與核心內容相關的圖片後，表現力立刻就能得到提升。而且在插入圖片時，還可以選擇以「連結至檔案」的形式插入，這樣就可以在修改了原始圖片的同時，也讓投影片中的圖片自動進行修改，如下圖所示。

若資料夾中的圖片數量太多，又已知所需圖片的格式，就可以點擊此按鈕，從彈出的選單裡篩選符合要求的圖片格式，再進行選取。

2-2 降低插入圖片的生硬感

我開始感覺到為投影片增加圖片的好處了。可是加了圖片之後，總覺得圖片好像很突兀，讓畫面十分生硬，怎麼辦才好呢？

你可以對圖片做一些小處理，進而降低圖片的生硬感啊！例如將圖片的邊緣稍微進行柔化，那麼圖片與投影片的融合度就會提高了！

情境思考

1. 當你看到第一張投影片時，頁面右邊的圖片給你什麼感覺？

2. 再來看看第二張投影片，頁面右邊的圖片又給你什麼感覺？

應用分析

並不是所有的圖片都適合增加邊框，如第一張投影片所示；由於投影片左邊是直條狀，且直條右邊的顏色開始與投影片底色相近，有一種融入感，但右邊插入的圖片卻打破了這種氣氛，無形中帶給觀眾一種強勢與逼迫感。將圖片的邊緣進行柔化後，如第二張投影片所示，畫面就顯得十分和諧了，並能完美結合、傳達「裝潢公司」這個主題。

> 插入投影片中的圖片，一定要考量圖片周圍的元素形態，最大限度地讓圖片融入投影片中。而柔化圖片的邊緣，只是圖片處理方法中的其中之一而已。

技術要點

STEP 1 選中圖片。

Tips：只有選中圖片時，才會出現「圖片工具──格式」籤頁。

STEP 2 去除圖片的框線。

Tips：將滑鼠移到「無外框」上時，即可預覽圖片沒有外框的樣子。

STEP 3 打開「設定圖片格式」窗格。

Tips：在「圖片工具——格式」下也可以打開「設定圖片格式」對話方塊。

STEP 4 設定圖片的柔邊大小。

Tips：用滑鼠點擊「大小」選項的微調按鈕，同時觀察圖片的變化，直到圖片與投影片的融合感最佳，且不影響圖片內容的顯示時再停止。

對圖片進行柔邊處理時，還可以使用系統預設的選項，如下圖所示。

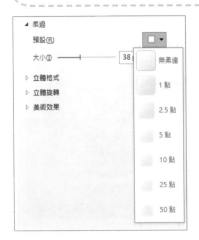

5 點

10 點

25 點　　50 點

2-3 不要插入與主題關係不大的圖片

哎呀呀，我在推廣甜點的投影片中插入了讓人垂涎三尺的美食圖片，這有什麼錯嘛，經理居然指責我亂用圖片。

你呀，做事就是欠缺考慮，甜點只是美食的一種，你不能什麼美食的圖片都往投影片裡放啊！插入與主題關係不大的圖片，只會有反效果！

情境思考

1. 比較兩張投影片，哪一張更能讓你產生想吃甜點的慾望？

2. 甜點店可能也會供應水果，但為什麼第二張投影片的圖片就是比第一張更好？

應用分析

如果觀眾看到上面兩張投影片，一定是第二張更能讓觀眾產生想吃甜點的慾望。雖然甜點店或許也會供應水果拼盤，但對甜點店來說，甜點才是永遠的主流產品，而水果充其量只能算是附屬產品，所以第二張投影片更能激起觀眾對甜點小屋的興趣，進而達到宣傳的目的。

在投影片中增加圖片的目的就是增加投影的吸引力，所以一定要選擇最能表現主題，且與內容密切相關的圖片，這樣才能在視覺上刺激觀眾，進而理解和深刻地記住投影片的內容。

技術要點

STEP 1 打開「設定圖片格式」窗格。

Tips：因為這裡的圖片是填入圓形中的，所以只要打開窗格重新選擇填滿圖片，就可以更換圖片了。

STEP 2 點擊「填滿」選項下的「檔案」，打開「插入圖片」對話方塊。

Tips：如果想插入網路中的圖片，可以點擊「線上」來開啟對話方塊。

STEP 3 選擇要插入的圖片。

STEP 4 查看更換圖片的效果。

2-4 PPT 中的圖片不是越多越好

快幫幫我吧，我的相簿 PPT 首頁好亂呀！可是文字並不多啊，圖片也只有兩張而已，但畫面就是感覺十分混亂。

我想你可能是覺得一張圖片不能讓畫面看起來飽滿，所以又加了一張吧！其實做首頁 PPT 時，有一張精緻的圖片就足夠了。

情境思考

1. 你能說說看第一張投影片有哪些缺點嗎？

2. 如果將第一張投影片左側的圖片刪除，會有什麼影響？

3. 將第一張投影片修改為第二張的樣子，會有什麼好處？

應用分析

第一張投影片左側的圖片是近景，而右側的圖片是遠景，兩者會有違和感；而且將文字直接放在左側複雜的圖片上，也會讓投影片顯得混亂。但若是刪除了左側的圖片，則投影片整體又會略顯空曠，所以我們可以在左側加上與圖片相配的色塊，再將文字擺放在上面，如第二張投影片，就能在突出主題的同時，確保畫面的美感。

千萬不要以為圖片越多越好，圖片在於精，而不在多。如果因為圖片自身的寬度和高度等問題，導致畫面顯得不夠飽滿，也可以在投影片中增加其他元素。

技術要點

本例在投影片左邊增加一個與圖片顏色不衝突的色塊，正好可以用來當作文字的背景，如此一來，頁面不但飽滿了，文字也更清晰了，豈不是一舉兩得啊！

STEP 1 刪除投影片中多餘的圖片。

Tips：這裡留下較好的一張圖片即可。

STEP 2 插入一個矩形。

Tips：讓矩形覆蓋在投影片中沒有圖片的空白部分。

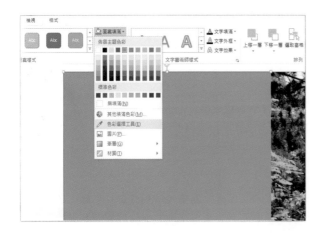

STEP 3 在「圖案填滿」的下拉選單裡，選擇「色彩選擇工具」。

Tips：用色彩選擇工具在圖片中取色，可以搭配出更加和諧的頁面配色。

STEP 4 選擇圖片中的顏色。

Tips：將吸管移到圖片上，就能看到對應的顏色參數。

STEP 5 在色塊上增加文字。

Tips：文字的顏色同樣可以從圖片中選擇。吸取比色塊深一點的顏色，既可確保文字的清晰度，亦可確保文字與色塊間的色彩搭配和諧。

2-5 裁剪圖片，讓圖片和背景更和諧

我好像只會在 PPT 中插入圖片、為圖片增加框線效果，但很多時候因為圖片方方正正的，看起來和投影片背景就是不和諧啊！

你可以改變圖片的形狀呀！不要以為圖片加到投影片中就一定要是矩形，在某些情況下，為了和背景匹配而替圖片改變形狀，效果會更好喔。

情境思考

1. 第一張圖和第二張圖相比，哪一張看起來較和諧？為什麼？

2. 你知道圖片還可以裁剪成哪些圖案嗎？

應用分析

第一張投影片的背景有很明顯的弧形形狀，而圖片都是矩形，放在背景上會給人一種違和感。但如果將圖片進行裁切，如第二張投影片所示，把圖片裁剪為圓形，再為它加上框線，看起來就會和背景相當融合了。在 PowerPoint 中，圖片可以裁剪成很多圖案。

插入到 PPT 中的圖片，很多時候並不用費盡心思去為它們增加藝術化的效果，只需簡單修飾一下它們與投影片的整體搭配就可以了。

技術要點

STEP 1 選取需要裁剪為圓形的所有圖片。

Tips：若圖片需要裁剪為不同圖案，則要逐一選取圖片再進行裁剪。

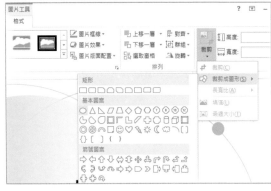

STEP 2 選取裁剪的圖形。

Tips：圖形中只有橢圓而沒有正圓，所以在裁剪成橢圓後，要自行調整橢圓的長寬比例至合適大小。

不僅如此喔！PPT 中的圖片還可以裁剪為特殊形狀。方法同樣很簡單，只要先繪製好圖案，然後再對圖案進行圖片填滿即可，如下例所示。

STEP 1 繪製特殊圖案。

Tips：特殊圖案是指系統中沒有的圖案，繪製時可以利用「繪圖工具──格式」籤頁裡的「合併圖案」功能。

STEP 2 將需要裁剪的圖片填滿於圖案中。

STEP 3 對填滿的圖片進行調整。

Tips：填入的圖片必須進行位置和大小的調整，才能很好地與繪製的圖案做結合。

2-6 百「文」不如一見：用圖片代替文字

老大啊，經理要找做一份關於鞋店推廣的 PPT，我覺得這是一個很嚴肅的話題，所以就用了正經的文字來敘述。這樣做可以嗎？

純文字的 PPT，肯定沒有加了圖片的 PPT 吸引人啊！而且用圖片帶給觀眾更具體的形象，不是會更有說服力嗎？

情境思考

1. 如果你是觀眾，在觀看投影片的短短時間裡，你會仔細閱讀第一張圖上的文字嗎？

2. 說說看，這兩張圖哪一張能給你更深刻的印象？為什麼？

Before

欣然女鞋給您一個優雅的夏天

2014的夏天又款款向您走來了，您是否已經準備好一雙合適的鞋子來陪您走過這個夏天呢？欣然女鞋款式眾多，有包鞋、涼鞋、拖鞋，鞋跟的高度也分為平底、低跟、中跟、高跟；且顏色各異，黃色、粉色、綠色、藍色等等，帶給您五彩繽紛的夏天。欣然女鞋的地址：新竹市正義路76號（正義公園對面）。網址為 www.xinranxiecheng.com

欣然女鞋保證精品誠招代理　LINE ID：xinranshoes

After

www.xinranxiecheng.com

欣然女鞋給您一個優雅的夏天

地址：新竹市正義路76號（正義公園對面）

雅緻女鞋

盡在欣然

欣然女鞋

欣然女鞋保證精品誠招代理　LINE ID：xinranshoes

應用分析

第一張投影片的內容都是純文字，在這種情況下，觀眾需要花很多時間去仔細閱讀，且即使閱讀了文字也很難抓住重點，更別說是在腦海中留下深刻印象了。但若將內容用實際的圖片來代替，結果就不一樣了；觀眾可以輕易在腦海中形成具體印象，且這種投影片看起來也很輕鬆。此外，我們同樣可以在頁面中保留重點文字，不必擔心會遺漏相關資訊。

現在大家明白了吧，一件事物你形容得再好，在觀眾的腦海裡始終是抽象的；但只要你給觀眾看事物的圖片，再稍稍加以敘述，觀眾就能明白你所要講述的東西了。「百『文』不如一見」說的就是這個道理啊！

技術要點

欣然女鞋給您一個優雅的夏天

2014的夏天又款款向您走來了，您是否已經準備好一雙合適的鞋子來陪您走過這個夏天呢？欣然女鞋款式眾多，有包鞋、涼鞋、拖鞋，鞋跟的高度也分為平底、低跟、中跟、高跟；且顏色各異，黃色、粉色、綠色、藍色等等，帶給您五彩繽紛的夏天。欣然女鞋的地址：新竹市正義路76號（正義公園對面）。網址為 www.xinranxiecheng.com

欣然女鞋保證精品誠招代理　　LINE ID：xinranshoes

STEP 1 提煉重點文字。

Tips：這裡所說的重點文字，指的是那些不能被刪除、又不能用圖片來表示的文字。

STEP 2 根據所要表現的內容，製作頁面框架。

Tips：頁面框架應根據需要加入的圖片大小和數量來設計。這裡所要表現的圖片數量多，同時也不需要展現太精細的細節，所以可以設計為格子形的框架。

STEP 3 將圖片填進方格。

Tips：為了讓頁面顯得不呆板，我們沒有將每個方格都填上圖片。適時地保留幾個方格，可以用來增加文字、強調品牌。

在 PPT 中插入圖片，可以讓頁面瞬間鮮活起來，擺脫純文字的枯燥與乏味。所以大家要儘量站在觀眾的立場來思考，不要再讓觀眾盯著滿滿的文字了，多想想哪些文字可以用圖片代替吧！

2-7 學會修飾 PPT 中的圖片

我知道在 PPT 中增加圖片，會比純文字效果更好，可是，我希望圖片在投影片中可以被修飾得好看一點。

你想修飾投影片中的圖片，方法其實有很多。可以從實際生活中找尋靈感，例如將圖片修飾成小物件、相框……等等。

情境思考

1. 比較右邊的兩張圖，哪一張讓你覺得更有趣？

2. 你能看出第二張圖的圖片修飾靈感，源自生活中的什麼事物嗎？

應用分析

有時候，將圖片單純加到投影片中確實會顯得單調；但在大多數的情況下，為了確保圖片能清晰可見，又不能為圖片設定藝術效果。因此，修飾圖片變得相當重要，其方法除了為圖片增加框線、設定立體或陰影效果以外，也可以設計更加新穎的方式，為圖片增加表現力。如第二張圖所示，這是以日常生活中的掛飾為靈感，進而設計出不一樣的圖片顯示方式實例。

以生活中的事物為靈感，設計出投影片中的圖片修飾方式，其實沒有你想像中的難。任何複雜的事物都可以簡化，例如上面第二張圖的圖片外框，其實就是圖案填滿的效果而已。

拓展延伸

現在我們再來想想圖片還可以怎樣修飾吧！從生活中找靈感：看到牆上的相框，可以將圖片外框設計成相框形狀；看到毛筆墨漬，可以為圖片邊緣進行柔邊處理、替外框設計墨漬形狀；看到游泳池，可以把圖片調整為立方體……。記得，設計有無限的可能！

相框修飾圖片

可以給觀眾一種圖片放置於相框中、掛在牆上的感覺。相框的製作方法是繪製矩形，調整好矩形的大小和位置，然後以木頭材質的圖片進行填滿即可。

墨漬修飾圖片

將圖片放置在墨漬中，讓本身輪廓不規則的特點，帶給觀眾一種隨意感，營造出輕鬆的氛圍。墨漬的製作要點是繪製矩形，再增加圖案端點，調整端點的位置。

雙手托起立方體修飾圖片

將圖片處理為立方體，可以帶給觀眾不一樣的視覺感受，突破圖片本身平面的限制。這裡可直接將圖片裁剪為立方體形狀，最後再增加雙手圖片即可。

突顯多張圖片中的重點圖片

我覺得投影片中的圖片最好保持大小一致，這樣才顯得整齊。但怎麼有人跟我說，投影片的圖片應該要有所輕重呢？

一般來說，統一投影片的圖片大小、將其整齊排列倒也很好看，但如果你的內容有需要特別強調的地方，就要突出對應的圖片囉！

情境思考

1. 從第一張圖中，你能一眼看出「廚房」是要強調的重點嗎？

2. 觀察第二張圖，你能說出這樣安排圖片大小的好處嗎？

藝然裝潢擅長營造別緻的客廳、靜謐的臥室，更致力於為您打造一個明亮溫馨的廚房！

藝然裝潢擅長營造別緻的客廳、靜謐的臥室，更致力於為您打造一個明亮溫馨的廚房！

應用分析

第一張投影片如果只是想單純表示居家環境，不分主次，那麼這樣的圖片配置是可行的。但結合文字的描述後，我們知道投影片內容的重點是「廚房」，因此應將廚房的圖片放在所有圖片中間，並加以放大，讓觀眾從文字和圖片上都能接收到廚房「明亮溫馨」的特質。

> 觀眾在觀看投影片時，對特別顯眼的內容會更有印象。而投影片中的圖片也是內容的一部分，當投影片內容有所強調時，圖片和其他元素也要相互配合，以便突出重點。

拓展延伸

> 上例只不過是突顯圖片的方法之一而已，其實突顯圖片的方式有很多，只要在保證投影片頁面美觀的前提下，能夠讓重點圖片更顯眼，就都是可以實施的突顯方法。

用顏色對比來突顯

加到投影片中的圖片可以進行色彩調整，透過這樣的方法，可以提高重點圖片的飽和度和亮度，而其他圖片則可調整為黑白。

作為背景圖片來突顯

如果需要突顯的圖片長寬比例適合作為投影片背景，就可以將它設為背景來顯示，且其他圖片的擺放位置，要儘量不遮住背景圖片的主體部分。

2-9 大膽地裁切 PPT 中的圖片

在 PPT 中增加圖片時，我覺得有的圖片在加到投影片裡面後，會顯得有些呆板而不夠大器。這樣我是否需要考慮更換圖片呢？

如果你多觀察優秀的 PPT 範例，就會發現這些 PPT 常常會裁剪圖片，只保留圖片的重點部位，這樣一來，PPT 就會大器十足了。

情境思考

1. 說說看，第一張投影片有哪些不足之處？

2. 如果將第一張投影片的圖片縮小，會不會有所改善？

3. 將圖片裁剪成第二張投影片後，有什麼好處？

應用分析

第一張投影片由於圖片本身的長寬比例，放大後只剩下很小的空間來放置文字和 logo，給人一種侷促感；但若是將圖片縮小，那麼圖片的強調效果就會減弱。此時我們可以大膽地裁剪圖片，保留圖片的主體，如第二張投影片所示，就能有足夠的空間來放置文字和 logo，整體版面讓人感到輕鬆，且圖片的資訊也能順利傳遞。

如左圖所示，裁剪 PPT 中的圖片時，如果按住圖片四個角的裁剪符號進行裁剪，會同時裁剪圖片的長寬尺寸。

拓展延伸

大膽地裁剪 PPT 中的圖片，如果圖片的重點是人物，可以只保留人物，也可以進一步只保留人物的臉部。接著一起來看看以不同方式裁剪人物圖片的效果吧！

關注弱勢兒童

保留人物和小部分周邊環境

如果想要表現圖片中的人物，並交待人物所處的環境，就可以裁剪圖片來保留人物，並適當保留人物的周邊環境，去除其他冗雜的資訊。

只保留人物

如果想要突顯圖片中的人物，就可以進一步裁剪圖片，將人物以外的其餘部分都裁掉。那麼畫面就會減少，而想表達的內容也會更加集中和突出。

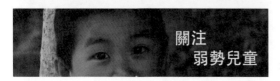

只保留圖片主體的一部分

人物的裁剪也可以大膽突破，有時甚至只保留臉部的一部分，藉以傳遞出不一樣的感覺。這種裁剪圖片方式所保留的，往往是具有特別意義的事物，例如人的眼神；如此一來，就可以鎖定圖片的焦點，並突顯出事件的衝突、利害關係。

2-10 多張圖片的 PPT：沒有好創意，至少排列整齊

我看到很多優秀的 PPT 會採用多張圖片來展現豐富的事物，可是我一旦在投影片中加入很多張圖片，畫面就會變得很凌亂。

我知道你的問題出在哪裡了！如果你的投影片中圖片很多，又沒有好的排列方式，直接將圖片排列整齊也是很有美感的呀！

情境思考

1. 你能看出第一張投影片有什麼問題嗎？

2. 想想看，為什麼第二張投影片會比第一張還要耐看？

應用分析

對於內含多張圖片的投影片而言，如果有好的創意，能將圖片排列得令人眼前一亮當然很好，但就算只是將圖片整齊排列於投影片中，也能為投影片保有基本的美感。而第一張投影片的圖片排列方式，既不創新又不整齊，有失水準；只要將圖片整齊排列好，如第二張投影片所示，就能夠讓人賞心悅目。

插入多張圖片到投影片中後，千萬不要自作聰明，取消圖片格式設定中的「鎖定長寬比」勾選，然後在圖片的「寬度」和「高度」中輸入數值，調整圖片大小！因為圖片的長寬比一旦被改變，就會讓圖片品質大幅下降，進而降低 PPT 的專業性。

技術要點

在 PPT 中加入了多張圖片，想要將圖片調整為一樣的長寬大小，卻又不能取消「鎖定長寬比」的勾選，似乎很難實現，怎麼辦呢？下面就來學習如何將多張圖片的大小調整到一致，並且排列整齊的方法吧！

STEP 1 插入表格。

Tips：表格的儲存格數量要根據需要增加的圖片數量而定。

STEP 2 調整表格的大小和位置。

Tips：在調整表格大小時，要保持所有儲存格的大小一致。

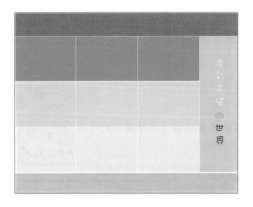

STEP 3 將游標插入到儲存格內。

Tips：這樣才能在每一個儲存格中增加不同圖片。

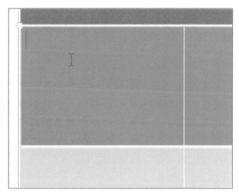

STEP 4 設定儲存格網底為圖片填滿。

Tips：讓圖片整齊排列的操作方法，就是讓大小相同的儲存格填上不同的圖片。

STEP 5 填滿後的圖片會自動符合儲存格大小。繼續按照同樣方法，填滿其餘儲存格。

Tips：選擇圖片時，要挑選長寬比例和儲存格大致相同的，否則圖片會嚴重變形。

2-11 讓圖片礙眼的背景消失吧

經理說我加到 PPT 中的圖片和投影片整體格格不入，顯得特別不專業。可是圖片本身就是這個樣子啊，這不能怪我吧！

加到投影片中的圖片大多會進行背景處理，畢竟圖片本身的背景通常無法符合投影片的審美需求。

情境思考

1. 你覺得第一張投影片有什麼不妥之處？

2. 為什麼第二張投影片在去除圖片背景後，整體效果就大大提升了呢？

應用分析

圖片本身的背景通常很難符合投影片頁面的背景風格，如第一張投影片所示，背景是純白色，而圖片背景卻是複雜的藍色氣泡；且由於圖片背景的關係，使得人物腿部的不完整特別突出。而在去除圖片背景後，圖片中的人物就能和投影片自然融為一體，如第二張投影片所示。

> 在 PPT 中去除圖片背景的功能，類似於 Photoshop 中的去背功能，只不過沒有 Photoshop 功能強大而已。要在 PPT 中刪除圖片背景，圖片本身的背景圖案必須較為單一、保留的主體顏色要和背景顏色相差較大，且輪廓要清晰。

技術要點

STEP 1 使用「移除背景」指令。

Tips：此指令在「圖片工具——格式」籤頁的「調整」群組中。

STEP 2 初步調整移除區域。

Tips：框線外的內容都會被移除，因此要確保想保留的人物在框線內。

STEP 3 點擊「標示區域以保留」指令,並用滑鼠點擊人物影像中需要保留的地方,直到這部分不再是紫紅色。

STEP 4 點擊「標示區域以移除」指令,並用滑鼠點擊人物影像中需要刪除的地方,直到這部分變為紫紅色。

STEP 5 完成移除圖片背景的修改操作後，
點擊「保留變更」指令，即可看見
移除背景的圖片。你看，它是不是
與投影片更加和諧了呢！

3

用色彩引起共鳴

3-1 用互補色來表現資訊元素的對比關係

老大，我看到一本介紹色彩的書上提到了互補色，請問顏色怎麼「互補」呀？互補色在 PPT 的設計中有什麼作用嗎？

你可不能從字面上去推測互補色就是互相補充的顏色哦！互補色其實是最強烈的對比色，在 PPT 的設計中，可以用來表現資訊元素的對比關係。

情境思考

1. 這兩張圖所要表達的內容是什麼關係？

2. 看到第一張圖時，你會不會認為顏色相同的圖形裡，放置了同一類的內容？

3. 第二張圖的顏色可能給讀者什麼導引？

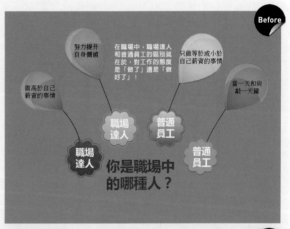

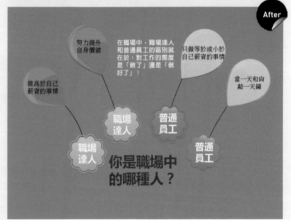

應用分析

對比關係十分明顯的內容，一定要特別注意在投影片上的填色。第一張圖的整體顏色搭配本身是沒有問題的，但頁面左邊和右邊的內容有強烈的對比關係，隨意的配色可能會誤導觀眾，或者不利於觀眾理解邏輯關係。而第二張圖的頁面配色雖然不如第一張豐富，卻用了兩組互補色（橙色和藍色、紅色和綠色）來強調內容的對比關係，簡單明瞭。

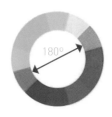

請大家記住，在 24 色相環上間隔角度為 180 度左右的顏色，就是互補色。

技術要點

STEP 1 打開「格式化圖案」窗格。

Tips：格式設定窗格可以比功能表列按鈕更精細地設定圖案。

STEP 2 選擇「漸層填滿」，設定色彩為橙色，並設定下方的漸層停駐點。

如果把握不好漸層色，可點擊「色彩」下拉選單裡的「其他色彩」選項，然後於「標準」籤頁中，依次選取相鄰的顏色。

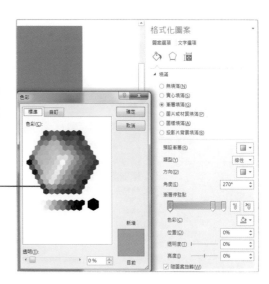

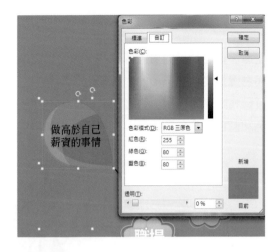

STEP 3 設定左上方的圖案為紅色的「實心填滿」。

Tips：在「自訂」籤頁裡，可以透過設定參數值、拖曳顏色滑塊的方法來確定顏色。

STEP 4 設定右下方的圖案為藍色的「漸層填滿」。

在「自訂」籤頁中，依次往上拖曳滑塊來設定漸層停駐點，也是不錯的方法。

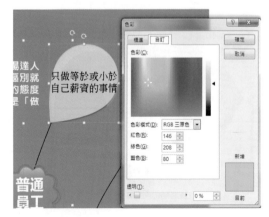

STEP 5 設定右上方的圖案為綠色的「實心填滿」。

本例也可以全部設定為實心填滿，只要是互補色就行。但是設定為漸層填滿，效果會更加豐富。

3-2 用類似色來表現資訊元素的同類關係

現在找知道可以用互補色來表現對比的內容了。那如果我要表現的內容不是對比關係，而是同一類的資訊，又該怎麼辦呢？

你真是越來越有求知慾了！告訴你吧，如果你想表現同類中的不同資訊，使用類似色是很好的選擇喔！

情境思考

1. 這兩張圖所要表達的內容是什麼關係？

2. 在第二張圖中，為什麼要安排上面兩個圖案顏色相近，下面兩個圖案顏色也相近？

3. 在第二張圖中，為什麼要選擇粉色和橙色來填滿上面兩個圖案，又選擇藍綠色和藍色來填滿下面兩個圖案？

應用分析

本例投影片中表現的是同類事物的兩個小類別，屬於並列關係。第一張投影片乍看之下顏色沒有什麼問題，但細心研究就會發現，橙色和綠色、藍色和紫紅色都是對比色，不適合用來表現並列的資訊。而第二張投影片則用了亮麗、時尚的粉色和橙色來表現同屬女性的用品，用了沉穩、冷靜的藍綠色和藍色來表現同屬男性的用品，能夠從視覺上做明確的分類。

告訴大家吧！在24色相環上間隔角度為30度左右的顏色，就是類似色。

技術要點

STEP 1 設定第一個圖案中間部分的實色填滿。

Tips：也可以切換到「標準」籤頁下挑選顏色。

STEP 2 設定第一個圖案左右兩邊大圓和小圓的第一個漸層停駐點。

Tips：第一個停駐點的顏色較深，讓色彩從圓形中間向四周漸層。

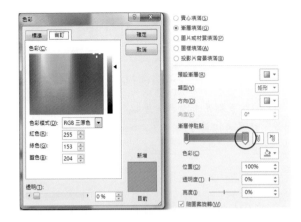

STEP 3 接著設定第二個漸層停駐點。

Tips：第二個停駐點的顏色較淺，是圓形四周顏色變淺的部分。

STEP 4 繼續完成其餘圖案的填滿效果。

Tips：每一組圖案的大圓和小圓填滿效果都是一樣的，所以可以先設定好大圓，再用「複製格式」工具來設定小圓的填滿效果。

類似色是色彩較為接近的顏色，它們不會互相衝突，所以若是將整個 PPT 頁面中的顏色都設計為類似色，還可以營造出更為協調、平和的氛圍。

3-3 用同類色製作出豐富而不混亂的背景

老大啊，又出錯啦！我發現很多優秀PPT的背景都是漸層色，所以我用了好幾種顏色來做出效果豐富的背景，結果又被罵了……

你喔！難道你沒發現，別人的PPT漸層背景都是選用很接近的顏色來做漸層嗎？你這樣就是沒有領會同類色的用法。

情境思考

1. 第一張投影片中的背景色與圖案顏色相配嗎？

2. 在第一眼看到第一張投影片時，你有什麼感覺？

3. 第二張投影片中的背景色有什麼特點？一眼看上去有什麼感覺？

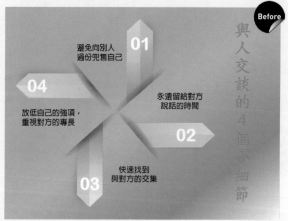

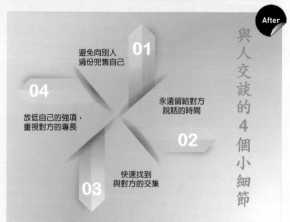

應用分析

第一張圖的背景色是藍色、粉色、橙色、白色的漸層，相當混亂且不協調；而且背景與頁面中的綠色和藍色圖案也不相配，很容易被搶眼的背景色喧賓奪主，無法突出主要內容，讓人覺得頭昏眼花。而將背景色調整為第二張圖的藍色和淺藍色同類色漸層後，畫面感就柔和許多了，同時也能突出 PPT 的主要內容。

在 24 色相環上間隔角度為 15 度左右的顏色，就是同類色。

技術要點

STEP 1 設定漸層的類型。

Tips：「輻射」類型是一種由點到面輻射過渡的漸層效果。

STEP 2 設定填滿的第一個漸層停駐點。

Tips：這裡將第一個漸層停駐點設為淺色。

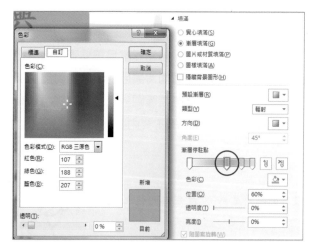

STEP 3 設定第二個漸層停
駐點。

Tips：第二個漸層停駐點大約
是漸層的中間點，顏色要最深。

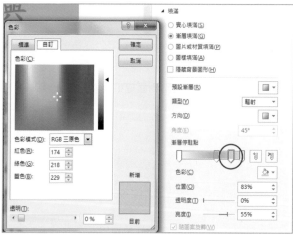

STEP 4 設定第三個漸層停
駐點。

Tips：第三個漸層停駐點的顏
色要比第二個淺一些。

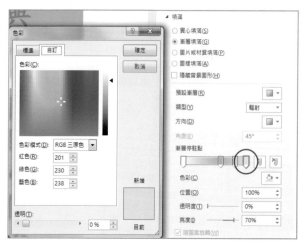

STEP 5 設定第四個漸層停
駐點後，即可完成。

Tips：第四個漸層停駐點的顏
色要比第三個淺一些。

用由淺到深的顏色來表現具方向性的內容

最近找的 PPT 配色已經有了很明顯的進步。但我想知道，如果找要在投影片中表現事物發展的先後，該怎麼用色會更恰當呢？

如果投影片中的主題含有明顯的方向性，通常會利用箭頭之類的小圖示，再加上由淺到深的顏色來相互配合。

情境思考

1. 第一張投影片中的配色，除了考慮視覺感受以外，有任何實質上的意義嗎？

2. 這兩張投影片的文字內容有什麼特點？

3. 將配色改為第二張投影片以後，有什麼好處？

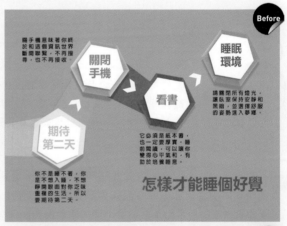

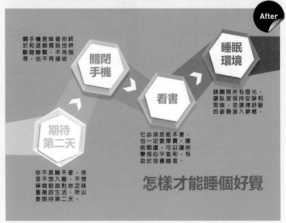

應用分析

第一張投影片的配色完全是從視覺感受出發，和內容毫無關係。這樣的配色雖然不算錯，但文字所表達的內容和小箭頭圖示都有明顯的發展順序，所以若能將圖案的顏色改為由淺到深，就更能從視覺上帶給觀眾次序感。如果你多加觀察就不難發現，這種內容具有方向性的投影片，常常會用由淺到深、由深到淺的配色方法。

本例選用了由淺到深的藍色系，是因為藍色給人一種沉靜的感覺，符合 PPT 的內容重點——睡眠。所以在選用顏色深淺來表現方向性內容時，色系的選擇也是相當值得考究的喔！

技術要點

亮度是指顏色的深淺和明暗程度，本例中不同深淺的藍色組合，就是具有相同的色調和飽和度，但擁有不同的亮度，且亮度的參數設定也有規律。下面就一起來看看具體的操作方式吧！

STEP 1 選擇左下方的第一個圖案，打開「格式化圖案」窗格。

STEP 2 點選「色彩」下拉選單的「其他色彩」選項。

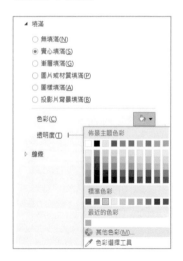

STEP 3 設定 HSL 色彩模式參數。

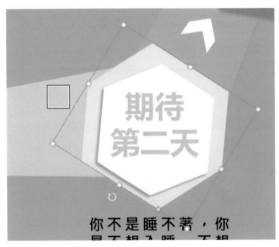

STEP 4 在「圖案填滿」的下拉選單裡，選擇「色彩選擇工具」；接著吸取前面已完成設定之圖案上的顏色，套用到最底層的多邊形上。

STEP 5 設定第二個圖案和對應多邊形的色彩參數。

Tips：亮度減 40。

STEP 6 設定第三個圖案和對應多邊形的色彩參數。

Tips：亮度再減 40。

STEP 7 設定第四個圖案和對應多邊形的色彩參數。

Tips：亮度再減 40。

STEP 8 設定最右邊圖案的色彩參數。

Tips：亮度只減 20。

3-5 不要讓顏色「刺瞎」了觀眾的眼睛

為什麼這次我的演講又失敗了！我明明在背景和文字上用了對比很強烈的顏色，居然還有人說閱讀困難！

這次演講我也在台下，你的 PPT 讓我看得好吃力啊！簡報的顏色對比是很強烈，但你都沒有考慮到觀眾的其他感受。

情境思考

1. 長時間注視第一張圖，你會有什麼感覺？

2. 會產生和第一張圖給人的感覺差不多的配色，你還能想出幾組？

3. 將第一張圖的顏色改為第二張圖之後，有什麼好處？

應用分析

第一張圖的背景是桃紅色、文字是亮黃色，這是一組互補色，會產生強烈的對比，但同時也會讓觀眾覺得十分刺眼；而且這兩種顏色的色調和亮度都比較高，如果長時間注視，還會產生視覺疲勞。至於第二張圖，則稍微降低了背景的色調、飽和度和亮度，並將文字改成白色，效果立刻清爽了許多。

互補色的對比效果太強烈了，無形中會讓觀眾有一種緊張感，所以不建議背景和文字互為互補色哦！會產生類似效果的顏色搭配還有紅色和綠色，如下圖所示。

本書適用於初步進入職場的大學畢業生

本書還適用於中層管理者

本書也適用於處在職場瓶頸期的人

聽聽職場前輩們用心總結的職場經驗

拓展延伸

在 24 色相環中，兩個顏色相距 135 度左右就互為對比色，屬於中等強度的對比，沒有互補色那麼強烈，所以適合用在文字和背景上。如左圖所示，藍色文字和茶色背景是對比色，可以發揮強調的作用。

在 24 色相環中，兩個顏色相距 90 度左右就互為鄰近色，其色調比較統一，所以可保持畫面的和諧。如左圖所示，文字和背景顏色互為鄰近色，畫面整體十分和諧。

在 24 色相環中，兩個顏色相距 15 度左右就互為同類色，其對比效果非常弱，非常不適合用在背景和文字上。如左圖所示，圖片和圖片周邊為同類色，可以很好地發揮過渡的作用，讓圖片與投影片背景融為一體。

本例第一張圖容易讓人產生視覺疲勞，還有一個原因是文字的顏色為高飽和度的黃色，如左圖所示。高飽和度的文字可以吸引人的注意力，同時也很容易引起視覺疲勞。

3-6 用對比色製作絢麗的頁面效果

我發現別人的 PPT 色彩總是非常豐富、漂亮，我也很想用漂亮的顏色搭配出絢麗的效果，可是結果卻總是差強人意。

不要灰心嘛，只要仔細觀察別人 PPT 中的配色，就會發現這些顏色不是隨心所欲搭配的，而是充分利用了對比色啊！

情境思考

1. 透過觀察，你能說出第一張圖的顏色排列有什麼特點嗎？

2. 再看看第二張圖的顏色排列又有什麼特點？

3. 比較這兩張圖，你能總結出讓 PPT 顏色絢麗的祕訣了嗎？

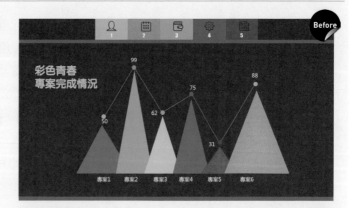

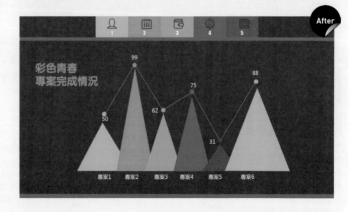

應用分析

觀察第一張投影片的六個三角形顏色，可以發現左邊四個三角形的顏色是鄰近色，而右邊兩個三角形也是鄰近色，很容易給人左右不平衡的感覺。而在第二張投影片中，相鄰的三角形都選用了對比色來填滿，不僅確保了畫面的平衡感，還提高了視覺衝擊力。

運用對比色設計出效果絢麗的例子還有很多，如左圖所示，中間的橙色圖案將左右互為鄰近色的藍色和綠色圖案隔開，讓整個頁面顏色顯得活潑豐富。

技術要點

STEP 1 選擇第一個三角形，然後打開「色彩」對話方塊。

Tips：如果只是要調整色彩參數，就沒有必要打開「格式化圖案」窗格了。

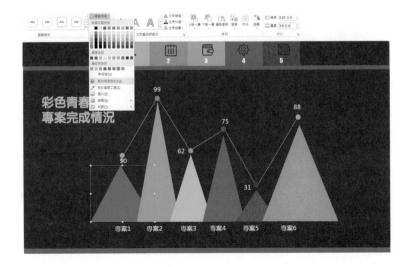

STEP 2 設定圖案填滿為綠色。

Tips：在 RGB 色彩模式下，將紅色和藍色參數都設為 0，則綠色參數越大，綠色就越純正。

STEP 3 選擇第二個三角形，設定色彩為橙色。

Tips：將藍色設為 0，並上下調整紅色和綠色參數，選出最符合需求的顏色。

STEP 4 選擇第三個三角形，設定色彩為藍色。

Tips：這裡不需要純正的藍色，所以綠色參數不為 0。

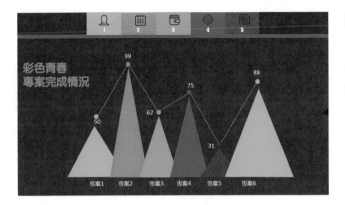

STEP 5 完成剩下的三角形圖案填滿。

Tips：記得遵循相鄰兩個圖案互為對比色的原則。

告訴大家一個祕密！可以去下載一些顏色揀選的小軟體，這樣當你在瀏覽網頁時，看到了漂亮的配色，就可以快速得知這些顏色的參數值囉。

3-7 如果需要描述顏色就選用標準色

我將公司各部門的銷售達成情況製成一張圖，還精心挑選了顏色，誰知道老闆聽了我的彙報後，卻說我的顏色表達有問題。

肯定是因為你的 PPT 必須靠顏色來區分內容，所以在這種需要描述顏色的情況下，其實不用標新立異啦，直接選用標準色吧！

情境思考

1. 你能用語言準確描述第一張圖上的各種顏色嗎？

2. 不同的人，對第一張圖上的顏色定義會不會也不同呢？

3. 將配色改成第二張圖後，有什麼好處？

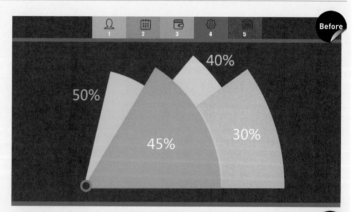

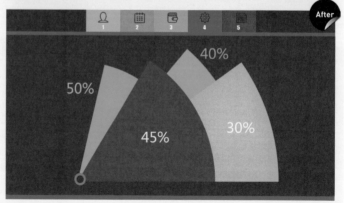

應用分析

單從顏色搭配上來看，其實兩張投影片都可以，但由於圖中沒有多餘的說明文字，需要在演講時口述內容，那麼描述顏色就是必須的了。第一張圖中的顏色有玫瑰紅、天藍、酸橙色、青綠色，這種複雜的描述沒辦法讓觀眾快速對應出所指區塊，甚至會產生混淆。而第二張圖將配色改為標準色後，不僅容易描述，也能讓觀眾在第一時間反應過來。

> 觀眾關心的是 PPT 中的內容，所以如果需要描述顏色，就應該使用「紅」、「黃」、「藍」、「綠」這種非常單純、差異明顯的色彩，那麼描述起來就會輕鬆許多了。

技術要點

STEP 1 設定 45% 扇形的圖案填滿為深紅色。

Tips：「圖案填滿」下拉選單列出了最常用的標準色。

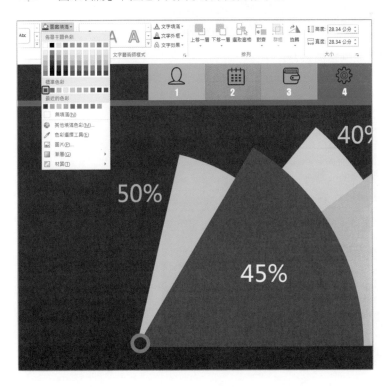

STEP 2 設定 50% 扇形的圖案填滿為淺藍色。

Tips：藍色和紅色是對比色，適用於位置相鄰的區塊。

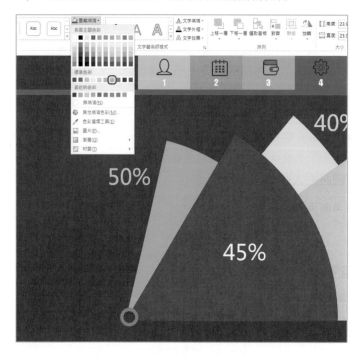

STEP 3 設定 30% 扇形的圖案填滿為橙色。

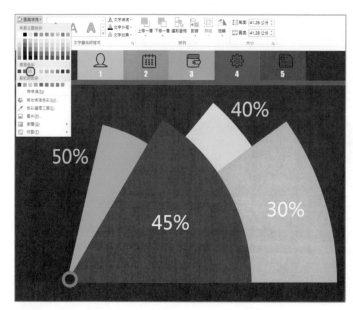

STEP 4 設定 40% 扇形的圖案填滿為綠色。

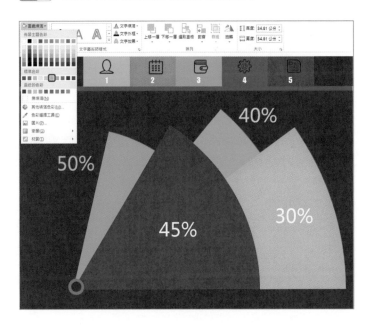

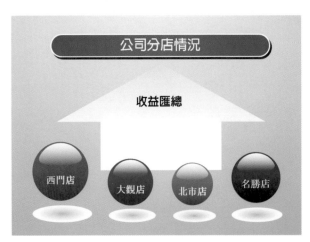

顏色的識別會因人而異,但如果加上很清楚的說明文字,讓觀眾可以準確地辨別物件,那就可以使用各種色彩來填色啦!如左圖所示。

Note

版面設計技巧

4-1 將版面設計為傾斜型來產生動感

老大，快幫幫我，我要替新來的同事講解如何成為簡報達人。我已經想好了，要讓 PPT 具有動感，讓新同事從 PPT 頁面上就感受到力量。可是該怎麼辦到呢？

讓 PPT 的版面產生動感，這個想法很不錯。可以將一般左右平衡或上下平衡的版面調整為傾斜型，進而產生朝某個方向流動的感覺。

情境思考

1. 閱讀第一張和第二張投影片的感受有何不同？

2. 結合投影片內容後，第二張投影片比第一張好在什麼地方？

3. 哪一張投影片更能產生美感？

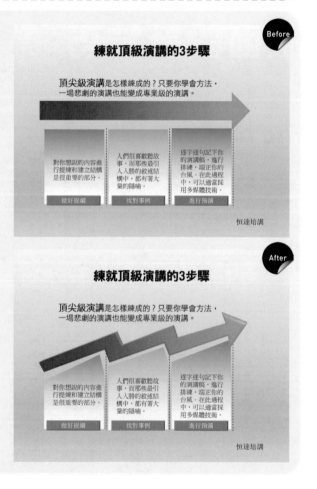

應用分析

本例投影片內容講述的是步驟問題，每完成一個步驟，就代表向目標邁進了一步。所以第二張投影片將版面設計成傾斜型，讓畫面產生流動感，觀眾的視線不僅會隨著箭頭指示的方向移動，還會產生強烈的進步意識。比起第一張投影片趨於靜態的普通版面，第二張就帶給了觀眾十足的動感。

設計傾斜型版面，就是將構成頁面的主要元素向左、右、上、下做適當的傾斜，這樣就能讓觀眾的視線產生朝某個方向流動的感覺了。

技術要點

STEP 1 在「繪圖工具──格式」籤頁的「編輯圖案」下拉選單中，點擊「編輯端點」。

Tips：編輯圖案的端點，可以將圖案修改為任意形狀。

STEP 2 調整圖案的端點。

Tips：用滑鼠右鍵點擊端點後，還可選擇不同的端點類型來做調整。

STEP 3 在「圖案效果」下拉選單中,設定浮凸效果。

Tips:如果想讓形狀具有立體感,設定浮凸效果是必要的。

STEP 4 打開「格式化圖案」窗格。

Tips:設定立體旋轉效果時,會需要比較不同旋轉角度下的效果,因此在窗格中設定是最好的。

STEP 5 設定箭頭的「立體旋轉」參數。

Tips:微調不同軸向的參數,並觀察選取的圖案,最後才能確定效果最好的參數值。

STEP 6 調整箭頭下方的矩形形狀。

Tips:透過編輯端點的方法來完成。注意矩形頂端的傾斜角度與箭頭傾斜角度的關係。

4-2 讓觀眾的目光具有方向性

找替公司做了宣傳 PPT，可是在我將投影片播放給老闆看了之後，他卻說這沒辦法讓觀眾產生來公司消費的念頭。

在這種情況下，你應該將投影片中最想要傳達給觀眾的內容強調出來，並且用引導式的版面，指引觀眾自然地注意到該內容。

情境思考

1. 瀏覽完第一張投影片後，你會將目光聚集在頁面上的某個部分嗎？

2. 再看看第二張投影片，你的目光會集中到頁面上的哪個位置呢？

3. 在第二張投影片中，吸引目光聚集的位置含有什麼內容？

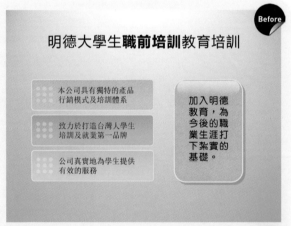

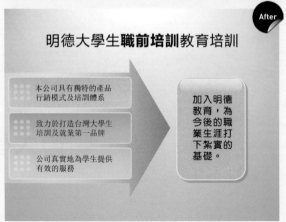

應用分析

分析圖中的內容後，可以發現演講者最終的目的是將觀眾的目光引導到頁面右邊的內容。比較上面兩張圖，第一張圖的版面設計並沒有任何引導作用，觀眾不會下意識地聚焦在右邊的內容；而當觀眾看到第二張圖後，就會自然而然地先瀏覽左邊內容，接著將目光聚集在頁面右邊，演講者便可以達成目的。

大家都希望觀眾在看了我們的 PPT 後會有所反應，所以引導觀眾注意到重點是很重要的。在做 PPT 之前，要先想好每張投影片的目的，然後再將整理好的資料按邏輯排到頁面中，並利用圖案或文字等元素，將觀眾引導到某一目標對象。

技術要點

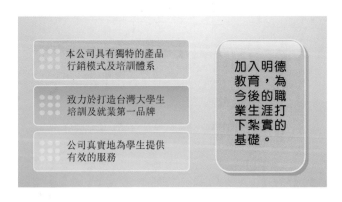

STEP 1 安排好頁面內容。

Tips：在安排大致的頁面內容時，要符合人們從左到右、從上到下的閱讀習慣，將重點內容放在右邊。

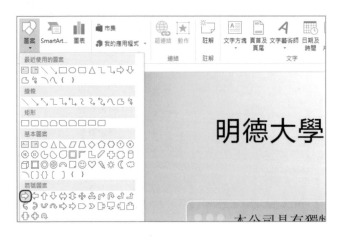

STEP 2 選擇向右箭號。

Tips：一般來說，箭號是最具有引導性的圖案，而重點內容在右邊，所以選擇向右箭號。

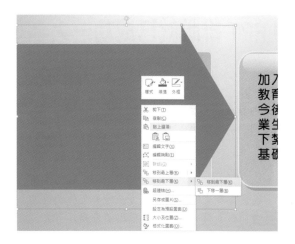

STEP 3 繪製箭號並調整層次。

Tips：為了讓箭號不顯得突兀，我們
要將箭號置於左邊內容的下方。

STEP 4 設定箭號的第一個漸層停
駐點。

Tips：色彩設為白色，並將透明度降
低，就可以減少圖案的生硬感。

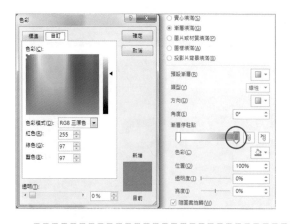

STEP 5 設定箭號的第二個漸層停
駐點。

Tips：透明度不變，可以製造出箭頭
從左到右逐漸顯現的效果。

如此一來，在你還沒強調重點的時候，觀眾就已經注意到重要內容
了，這樣觀眾對你的 PPT 印象會更加深刻喔！

4-3 只要對齊，你的 PPT 排版就已成功一大半

你快幫我看看我做的這張 PPT 吧！不論是內容還是圖示設計上，我都覺得很好啊，但就是覺得還有哪裡怪怪的！

哎呀，看了你的 PPT，我最先產生的感覺就是頁面凌亂！你的內容再好，圖示設計得再精緻，要是頁面中的元素編排毫無秩序可言，又怎麼會好看呢？

情境思考

1. 在第一張投影片中，你能指出幾個沒有對齊的地方？

2. 想要對齊 PPT 中的元素，可以用什麼辦法做到呢？

應用分析

在第一張投影片中，首先標題沒有對齊，完全是隨意放置，導致標題周圍的元素也格格不入；其次就是頁面中大小相同的四個圖示，它們既不是兩兩對齊，也不是有規律地錯落排列；最後則是四個區塊的文字也沒有對齊。此時如果充分運用輔助線、對齊指令下的功能，就能讓頁面中的所有元素對齊到像第二張投影片那樣，大大提升美感。

製作投影片時，一定要注意元素的對齊，但對齊元素也不能只是憑感覺手動調整位置，因為光憑肉眼的對齊是不準確的，要學會使用輔助線，並理解不同的對齊指令。

技術要點

STEP 1 在「繪圖工具──格式」籤頁中，設定標題為「水平置中」對齊。

Tips：除非版面上有特別的安排，否則一般來說，將標題水平置中是比較好的選擇。

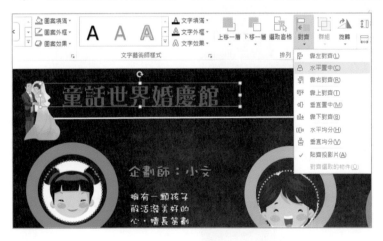

STEP 2 在「檢視」籤頁中，勾選「格線」和「輔助線」。

Tips：輔助線是將工作區劃為左右和上下的兩條中線。

STEP 3 調整各個圖示的大概位置。

Tips：注意左右兩邊的圖示與投影片邊界距離要一致，這樣才有利於接下來的水平均分。

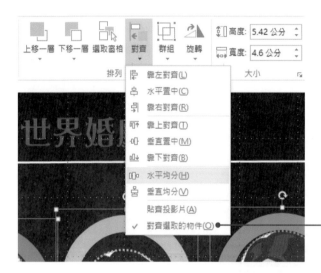

勾選的是「對齊選取的物件」選項。

STEP 4 設定圖示為「水平均分」對齊。

Tips：選取四個圖示並執行此指令，則選中的圖示會以水平方式均分間距，且最左邊和最右邊的兩個圖示不會變動，這就是上一步要先調整左右兩邊圖示位置的原因。

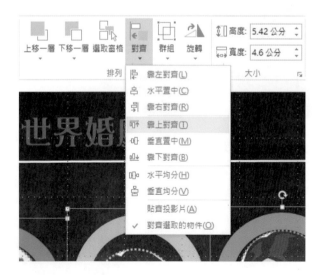

STEP 5 設定圖示為「靠上對齊」。

Tips：執行此指令後，可以讓四個圖示以位置最靠上的為基準，對齊頂端。

STEP 6 完成文字對齊。

Tips：對齊文字就是對齊文字方塊，和圖案的對齊原理一樣。

不僅同一張投影片中的元素要對齊，不同張但相同位置的相同元素也應該要對齊，這樣才能確保在切換到不同頁面時，能具有整齊感。

4-4 把想呈現的圖片當作背景的大器排版

我幫朋友做了宣傳公司的 PPT，朋友卻說我的版面設計太小家子氣，老大你快幫幫我，我不能幫倒忙啊！

版面設計太小家子氣？我有一個方法。如果你的投影片所要展現的圖片適合當作背景，那就索性將它放大成背景吧！顯得大器又能突出重點。

情境思考

1. 從第一張投影片中，你能強烈感受到「美萊裝潢」的優質品質嗎？

2. 第二張投影片讓你最先感受到的是什麼？

應用分析

第一張投影片的圖片和文字分兩邊放置，雖然沒有什麼錯誤，卻顯得不夠大器；而且圖片太小，投影片背景不夠出色，無法讓人感受到宣傳的東西。而第二張投影片首先映入眼簾的就是大器明亮的裝潢成果圖，讓觀眾在開始閱讀文字之前，就先對「美萊裝潢」的高品質裝潢產生認可，再加上適當的文字補充，資訊傳達的效率就提高了。

很多職場人員在做 PPT 時，都會想到中規中矩的左圖右文或左文右圖的排版方式；但這樣的排版方式，需要為投影片配上一個不錯的背景。所以，若能將圖片放大為背景，豈不是一舉兩得了嘛！

技術要點

要把圖片放大為背景時，需要注意投影片中的文字不能遮擋住圖片的重點，且文字的顏色、文字的背景顏色都不能和圖片有所衝突。

STEP 1 將圖片作為投影片背景填滿。

Tips：也可以直接放大圖片讓它填滿版面，但為了配合投影片的長寬比例，我們需要對圖片進行裁切。

適當調整圖片的顏色。

Tips：投影片背景圖片的顏色調整，和增加到投影片中的圖片顏色調整選項是一樣的。

STEP 3 增加文字背景。

文字背景的顏色是取自圖片中，並同時提高了透明度，所以不會遮擋到圖片。

STEP 4 增加文字。

標題文字的顏色可以取自圖片中，這樣就不會和圖片產生違和感了。

放置文字的位置沒有遮擋到圖片的重點。

4-5 空間感十足的版面設計

我厭倦中規中矩的圖片排版方式了，大家的 PPT 都是這樣做的。我想要加強一點空間感，讓觀眾感受到新意。

的確，你投影片中的圖片都是整齊排列的，這樣做雖然不錯，但是不夠出色。不如試著將圖片排列成弧形吧！

情境思考

1. 比較這兩張投影片，哪一張更吸引你的目光？

2. 你能說出第二張投影片將圖片改成這種排版設計的原因嗎？

應用分析

第一張投影片是相當常見的圖文排列方式，相較之下，第二張投影片明顯更具有新意，能吸引人們的目光。而從旅遊的主題來看，如果將圖片設計為弧形排版，亦可增加頁面的空間感，讓圖片像是緩緩拉開的底片般，向觀眾展現旅途風景，達到更強的視覺效果。

在展現旅遊風景類型的投影片中，還可以將圖片設計為立體狀，增加空間感。

技術要點

大家是不是覺得將這麼多張圖片處理成弧形排列，是難度很高的一件事啊？其實這是有訣竅的！下面就讓我們一起來看看吧！

STEP 1 繪製橢圓圖案。

Tips：如果擔心圖片的重點被橢圓遮住，也可以先將圖片放大，再繪製橢圓圖案。

STEP 2 調整圖案端點。

Tips：只需要注意圖案下半部的弧形輪廓即可。

STEP 3 複製形狀。

Tips：複製後的形狀要進行垂直翻轉，這樣圖片上下兩部分的弧形才會對稱。

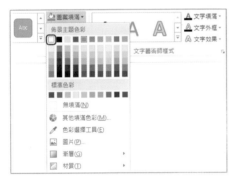

STEP 4 設定圖案填滿為白色。

Tips：這樣一來，只會顯示沒有被橢圓擋住的圖片部分。

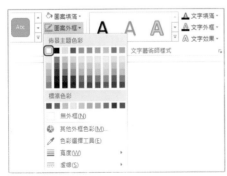

STEP 5 設定圖案外框為白色。

Tips：之後可以自行增加弧形圖案來作為圖片的弧形輪廓。

4-6 留白是 PPT 最高的藝術

我請公司的 PPT 達人幫我修改做好的投影片，但他沒有修改任何內容，只是調整了一下元素的大小、位置，讓頁面裡的空白多了一些，居然很有效果！

這你就不懂了吧！這就是 PPT 中留白的藝術。留白的好處有很多，可以營造意境、讓觀眾放鬆等等。

情境思考

1. 仔細觀察這兩張投影片，內容有什麼實質性的改變嗎？

2. 第一張和第二張投影片給你的感覺有什麼不同？

應用分析

上面兩張 PPT 的內容實質上是沒有改變的，但整體的感覺卻大為不同。第一張投影片給人侷促、緊張感，而第二張卻讓人感到輕鬆、簡潔、專業。這就是 PPT 留白的力量。如第二張投影片所示，在確保內容清晰的情況下，將版面劃分清楚，左圖右文，並縮小文字方塊內的元素大小，留出空白，就能達到很好的效果。

大家不要以為 PPT 中的內容越飽滿越好，這可不是判斷投影片好壞的標準。關於 PPT 的留白，總結就是：1、左右上下要留白，2、各個區塊的元素之間要留白，3、區塊中的內容要留白。

技術要點

現在大家對 PPT 的留白已經有了一些認識，但可能還是不曉得該如何著手做一張恰當留白的投影片。接著，請大家跟隨我的腳步，一起來研究 PPT 的留白藝術吧！

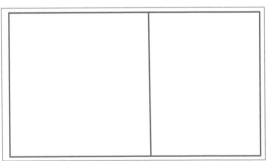

STEP 1 繪製內容外框。

Tips：此外框最後是要刪除的，繪製它的目的，是要確保之後增加的內容都在框線內，並與投影片四周保持一定的距離。

STEP 2 繪製內容區塊分界線。

Tips：此分界線最後也是要刪除的，它的作用是安排好內容的大概位置，為投影片整體作規劃。

STEP 3 增加主要內容。

Tips：將主要內容放在劃分好的區塊內，且不要占滿整個區域。

STEP 4 增加修飾性元素，然後再刪除框線。

4-7 寧可分兩頁，也不要讓 PPT 的版面太擁擠

我用一頁 PPT 來介紹商場的商品分布概況，大家卻說分成兩頁會更好，但一頁不是就可以說清楚嗎？

你又忘記了，PPT 不是 Word，不是內容越多越好，PPT 講究美觀，文字、圖片等內容如果太多，就想辦法分成兩頁吧！

情境思考

1. 試著從區塊的角度分析，第一張投影片有什麼問題？

2. 試著從內容的角度分析，第一張投影片有什麼問題？

3. 將第一張投影片拆解為兩張投影片後，是否影響了資訊的傳達效率呢？

應用分析

第一張投影片的區塊分為上下兩大塊,其中下面又分為左右兩區塊,且左右兩區塊內各放置了兩張圖片,顯得很擁擠;而從內容上來說,投影片想要傳達的是商場一樓和二樓的主要銷售產品,而各樓層又配上了對應的說明文字,內容較多,觀眾在短時間內不能一一閱讀。但如果將一樓和二樓的銷售產品分成兩張投影片來傳達,情況就不一樣了,無論是從版面還是從內容上來說,都十分恰當。

技術要點

STEP 1 製作投影片整體的基本框架。

Tips:製作框架時,通常要遵循對稱原則,即左右對稱、上下對稱等。完成框架製作後,再將此投影片複製一張。

STEP 2 在第一個框架上增加內容。

Tips:內容要有明確的分類,所以第一張投影片只介紹商場一樓的商品。

STEP 3 在第二個框架上增加內容。

Tips:由於投影片內容減少,空間比較足夠,所以可以為圖片設定效果,增加渲染力。

如果你一定要將上面的內容放在同一張投影片中，也還是有辦法的。你可以精簡文字和圖片，或是為文字和圖片增加動畫效果。

精簡文字和圖片的原則是：保留效果較好的圖片，保留資訊最重要的文字。這樣才可以讓版面顯得寬鬆。

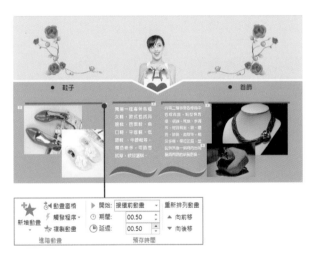

增加動畫效果的主要目的，是要讓相同內容都出現完了之後，再出現另外一部分的內容。

Note

5

理清你的邏輯思維

5-1 擴散型思維導向模式

我真的黔驢技窮了。我統計了公司生產的蛋糕種類，可是有的種類下面又分成幾個不同的小類，好複雜啊！經理卻要我用思維導向圖來表示。

我不是告訴過你嘛，收集資料只是第一步，你要弄清想放在 PPT 頁面上的內容是什麼關係。而關於蛋糕分類的內容，就應該用擴散型的模型圖來表現！

情境思考

1. 你能在瀏覽了第一張圖之後，迅速抓住文字所傳達的資訊嗎？

2. 分析第一張圖中的文字，其內容和蛋糕的分類有什麼關係？

3. 為什麼要用第二張的模型圖來說明蛋糕的分類關係？

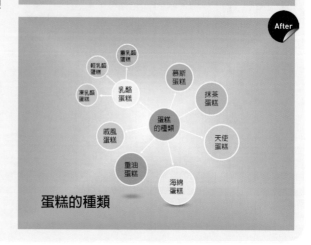

應用分析

第一張圖的內容表達其實沒有問題，但沒辦法讓觀眾快速領會資訊。分析內容後，我們可以知道文字要表達的是蛋糕分類，以及其中一個分類的子類。這是由一個總體資訊點擴散到更多資訊點，最終讓資訊呈現發散的模式，所以我們可以選擇第二張圖所示的擴散型思維導向圖來表現，這樣各種蛋糕的分類關係就一目了然啦！

蛋糕的種類

蛋糕的種類分為海綿蛋糕、抹茶蛋糕、戚風蛋糕、天使蛋糕、重油蛋糕、慕斯蛋糕、乳酪蛋糕。其中乳酪蛋糕又分為重乳酪蛋糕、輕乳酪蛋糕、凍乳酪蛋糕。

在收集好資料後，最好先找出資料中的關鍵字，再根據關鍵字的數量和關係來設計模型圖，如左圖所示。

拓展延伸

其實可以表現資訊擴散的模型圖有很多，如下圖所示，在「選取 SmartArt 圖形」對話方塊中，有很多可以表現擴散型思維導向模式的圖。

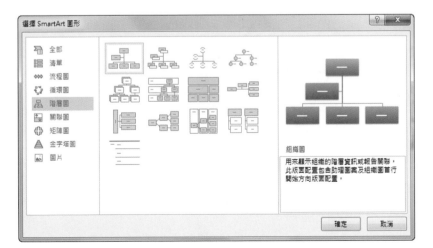

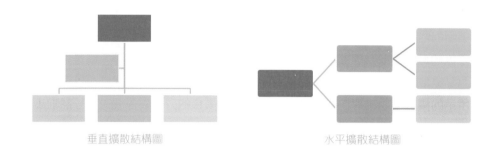

垂直擴散結構圖　　　　　　　　　　水平擴散結構圖

如果發揮想像力，還可以利用各種形狀繪製出效果豐富的擴散型思維導向圖呢！如下圖所示。

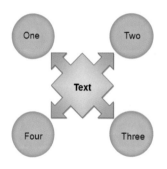

四角擴散結構圖

由箭頭組成的擴散結構圖

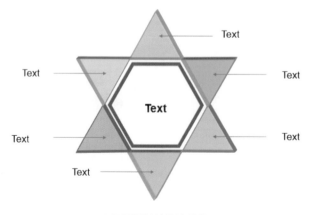

六個資訊點擴散結構圖

5-2 集中型思維導向模式

好煩惱啊！這一次我需要表現多個資訊共同作用而形成了特定效果，我該用什麼樣的圖示來表示呢？

你要學會舉一反三啊！和擴散型思維導向模式圖有點類似的是集中型思維導向模式圖，它可以表示多個資訊的集中。

情境思考

1. 仔細分析這兩張圖的資訊，它們之間的關係是什麼呢？

2. 你會不會誤認第一張圖右下方兩個橘色色塊裡的資訊，附屬於其上的藍色色塊中？

3. 你能在快速瀏覽第二張圖後，明白資訊傳達的重點嗎？

應用分析

圖中資訊主要是說明透過五種方法可以變得有自信，而每一個方法都明確地指向「變得有自信」這個目的。第一張圖中的圖解模式色塊大小不一，胡亂填色，就算觀眾忽視了色塊大小和顏色，也無法強烈地感受到資訊的目的指向。而在第二張圖中，目的資訊位於其他資訊的中心，再加上箭頭畫龍點睛的作用，成功引領觀眾按順序讀懂內容。

透過範例的說明，大家應該明白了吧！集中型思維導向模式圖的方向，和擴散型思維導向模式圖是相反的，它是透過多個資訊來得出一個結論或目的，強調的是「共性」的答案。

拓展延伸

既然集中型思維導向模式圖和擴散型思維導向模式圖有相似的地方，那麼我們只要在擴散型思維導向模式圖的基礎上改變箭頭方向，就可以快速得出集中型思維導向模式圖了！如下圖所示。

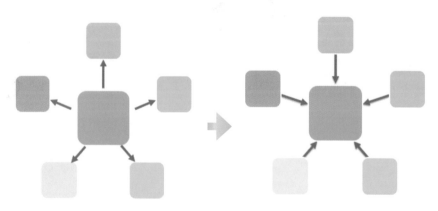

擴散型思維導向模式圖　　　　　　　　集中型思維導向模式圖

層級型思維導向模式

我做了一張圖來表達著名的馬斯洛需求層次重點，我認為這些要素都是圍繞著共同中心來展開的，可是大家怎麼都說我的表現方式有問題？

這個簡單！聯想一下金字塔吧。當你所表達的資訊有著明顯從下到上的層次關係時，就可以充分利用像金字塔般的層級型思維導向模式圖了。

情境思考

1. 你能從第一張圖中看出資訊間的層級關係嗎？

2. 瀏覽第一張圖，你第一眼認為的資訊關係是什麼呢？

3. 第二張圖中的圖解模型會帶給觀眾什麼樣的引導作用？

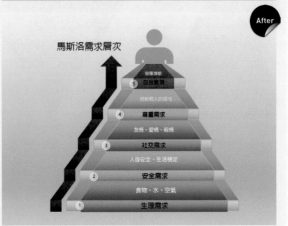

應用分析

首先,標題中的「層次」二字已明白指出資訊元素間有著層級關係。先來看第一張圖,所有資訊環繞排列在標題元素四周,表達出這些元素之間相互有關聯,是同一階層的,這樣一來可能會誤導觀眾。而第二張圖中的金字塔結構圖解模型,人們憑常識就知道金字塔最下層是基礎,以此類推,再加上箭頭的視線引導,資訊的傳達就能準確無誤。

在層級型思維導向模式圖中,資訊元素所處的位置越往上,就表明資訊的地位越高。本例中的金字塔結構圖形,就是用來表達層級關係之非常典型的圖解模型。

拓展延伸

再動動你的腦筋想一想,除了金字塔結構的圖形可以用來展示層級關係的資訊外,我們還可以設計出怎樣的模型呢?其實延伸方法有很多,例如:將金字塔中的三角形換成圓形、設計梯形來表示不同資訊的階級等等。

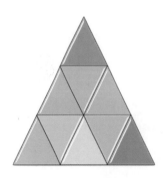

正金字塔層級模式圖

倒金字塔層級模式圖

立體金字塔層級模式圖

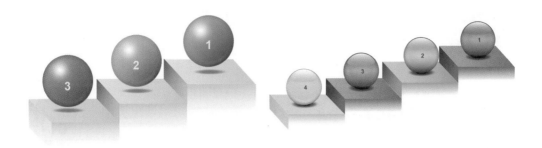

三個資訊點層級模式圖   四個資訊點層級模式圖

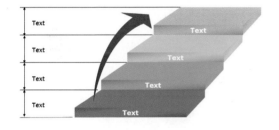

四個資訊點層級模式圖   五個資訊點層級模式圖

5-4 並列型思維導向模式

經過你多次講解圖解模型後，找自己有了一點心得，所以親自做了一個圖解模型，但結果還是不合格，快幫幫找吧！

找已經看過了，你 PPT 中的資訊元素都是並列的關係，這種關係的圖解模型，就不要有箭頭之類的指向性元素啦！

情境思考

1. 你看到第一張圖時，會不會認為資訊元素之間有循環的關係呢？

2. 這四個資訊元素有沒有先後順序及重點與次重點之分？

3. 如果改變第二張圖中的色塊大小，會對資訊傳達產生什麼影響？

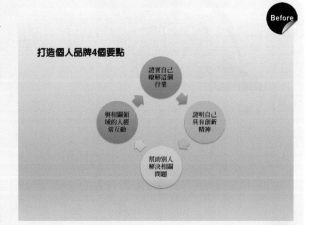

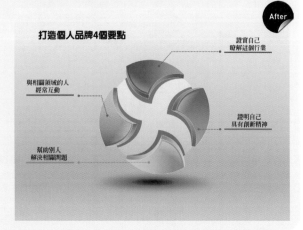

應用分析

分析圖中的資訊後，可以得知資訊間的關係是並列關係，沒有先後順序，也不存在重點和次重點的分別。而第一張圖表現的循環關係，用來表達圖中的資訊內容是不恰當的。而如第二張圖所示，色塊的面積相同，位置也保持平衡，就能清楚地表明資訊元素之間的並列關係。

當要展現的資訊都屬於同一層級，而且沒有先後之分時，就很適合選用並列型的圖解模型來表示。如果資訊間還有著緊密的聯繫，還可以適當地在資訊元素間加上連接的元素，例如直線。

拓展延伸

並列關係是經常遇到的資訊元素關係，這類關係的圖解模型可是非常多的！不管構成模型的圖形是簡單還是複雜的，核心訴求都是讓資訊元素在同一層級上進行排列，如下面的範例圖所示。

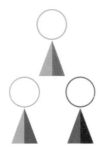

三個資訊點並列模型

四個資訊點並列模型

四個資訊點緊密並列模型

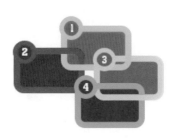

四個資訊點緊密並列模型

5-5 相關型思維導向模式

老大，我覺得我有點搞糊塗了，不知道我這張思維模型圖錯在哪裡？
經理說要用相關型思維導向圖，你幫我看看吧。

相關型思維導向圖最大的特點就是資訊元素之間存在密切的關聯，
只要符合這種情況，就可以用相關型思維導向模式圖了。

情境思考

1. 圖中的資訊元素之間有
   著什麼樣的關係？

2. 第一張圖的圖解模型是
   什麼關係的圖解模型？

3. 第二張圖設計了四個齒
   輪形狀，有什麼特別的
   意義嗎？

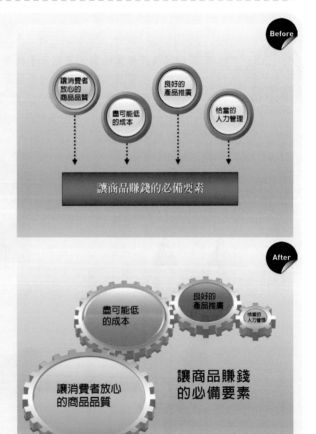

應用分析

觀察第一張圖，可以知道這是集中型思維導向模式圖，呈現的是資訊的目的、結論。而圖中資訊所傳達的是影響某件事情的要素，而且這些要素之間有著密切的關聯；所以我們設計了四個齒輪形狀，讓人直接聯想到齒輪的互動，並同時利用齒輪的大小來表示資訊的重要性程度，符合內容表達需求。

設計相關型思維導向模式圖時，需要設計者充分發揮想像力，考量模型圖中各部分的大小、顏色等細節問題，才能讓想要表達的資訊元素產生密切的關聯性。

拓展延伸

在設計相關關係的模型圖時，需要周全的考慮，如果想要快速地製作這類模型圖，不妨多利用 SmartArt 圖形中預設的相關圖形來輕鬆表現，如下面兩張圖所示。

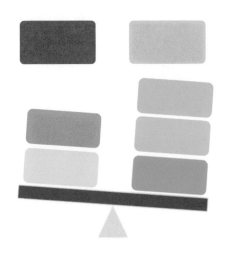

表示資訊平衡關聯的模型

表示資訊相互影響的模型

充分發揮你的想像力，並結合不同的內容場景，透過圖案和編輯圖案的端點，還能設計出更具有創意的相關型圖解摸型呢！

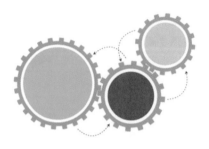

平面的齒輪圖解模型

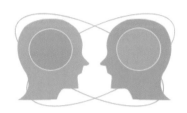

兩個資訊點相關聯

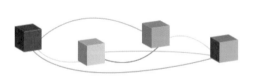

四個資訊點相關聯

五個資訊點相關聯

延伸型思維導向模式

找精心做了一張關於公司門市促銷流程方案的 PPT，還用了很有氣勢的金字塔示意圖，結果我居然又被批評了！還有沒有道理啊？

哈，我還沒跟你提過，還有一種延伸型的思維導向模式圖，這種圖用來表示流程類型的內容是再合適不過了。

情境思考

1. 你能從第一張圖中看出產品促銷的流程嗎？

2. 試著分析一下，第二張圖比第一張好在哪裡？

3. 類似第二張圖的圖解模型還可以用來表示哪一類的資訊？

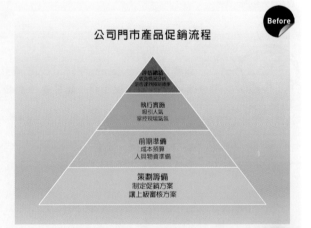

應用分析

根據標題中的「流程」二字，我們可以判斷出資訊內容具有遞進、推移等類型的關係。金字塔結構圖適合用來表現有明顯層級關係的內容，因此第一張圖會讓觀眾不知道流程是從上到下或從下到上。第二張圖的方向性則十分明確，各資訊元素的層級也相同，因而比第一張圖更適合。

延伸型思維導向模式圖的適用對象是遞進、推移等類型的資訊，既可以表示時間上的延伸，也可以表現空間上的延伸。由一個資訊點出發，開始向一個方向拓展，直到拓展完所有資訊為止。

拓展延伸

其實在 PowerPoint 的 SmartArt 圖形中，有很多可以表現延伸型內容的示意圖，讓我們一起來看一看吧！

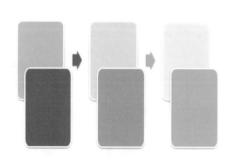

三個資訊點方塊延伸圖

三個資訊點圓環延伸圖

發揮你的想像力，想一想延伸型思維導向模式圖還可以怎樣設計吧！

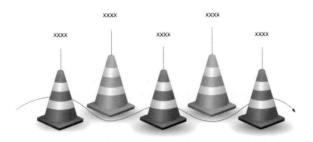

創意類交通錐延伸圖

創意類手臂延伸圖

創意類對話方塊延伸圖

5-7 迴圈型思維導向模式

老大，我想呈現公司長遠發展的戰略圖，那麼邏輯關係就應該是一種層層遞進的關係，所以要用延伸型思維導向模式圖來表示，對嗎？

不對喔！其實你沒有理清事件真正的關係。你要表達的內容確實有遞進關係，但這些關係還按照了一定的規律進行迴圈變化，所以你應該用迴圈型模式圖。

情境思考

1. 第一張圖藍色和橙色色塊裡的內容，真的一點關係也沒有嗎？

2. 如果要修改第一張圖，應該怎樣修改才好呢？

3. 將修改過後的第一張圖和第二張圖做比較，哪一張圖比較好，為什麼？

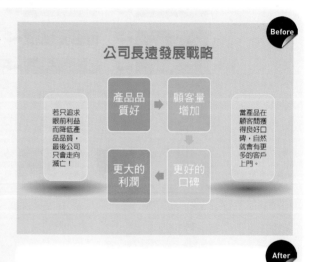

應用分析

第一張圖的標題中有「長遠」二字，強調的是持續發展，而且「更大的利潤」可以促使「產品品質好」，二者之間互有聯繫，所以如果要修改第一張圖，就應該在橙色和藍色色塊之間加一個箭頭，指向藍色色塊。加了箭頭後，比較兩張圖，第二張圖的效果更勝一籌，因為頁面中的內容是迴圈關係，所以將箭頭組成圓環狀，更能從形式上強調迴圈。

大多數情況下，迴圈結構都是以環形做為基本形狀。觀眾會自動根據箭頭指向來讀取資訊，這樣一來，可以大大提升觀眾視線在圖上停留的時間，進而增加資訊的傳達效率。

拓展延伸

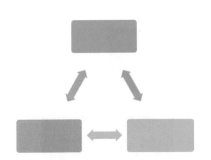

SmartArt 圖形的三個資訊點迴圈

要製作迴圈結構圖，同樣可以從 SmartArt 圖形中快速插入。而且插入選中的結構圖後，還可以快速套用樣式，進一步改變圖形的外觀。

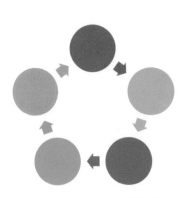

SmartArt 圖形的五個資訊點迴圈

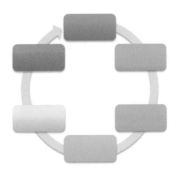

SmartArt 圖形的六個資訊點迴圈

當然，我們也可以設計出立體感強、色彩絢麗的結構圖樣式來豐富頁面效果。

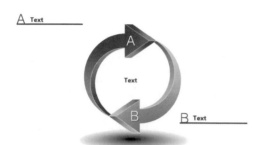

兩個點交替迴圈

四個點交替迴圈

三個點交替迴圈

四個點繞圓迴圈

五個點交替迴圈

交叉型思維導向模式

找發現，如果用交叉型思維導向模式圖，來表現資訊與資訊之間交集部分的關係會非常合適，可是找製作出來的交叉圖解總是很混亂，找該怎樣改進呢？

交叉型思維導向模式圖強調的是資訊交集部分，因此要記得將不同部分的資訊元素區分開來，讓頁面乾淨整齊。

情境思考

1. 瀏覽這兩張圖，若要看懂圖中的內容，哪一張圖花的時間會更多？為什麼？

2. 第二張圖中的顏色搭配有什麼特點？為什麼要這樣搭配顏色？

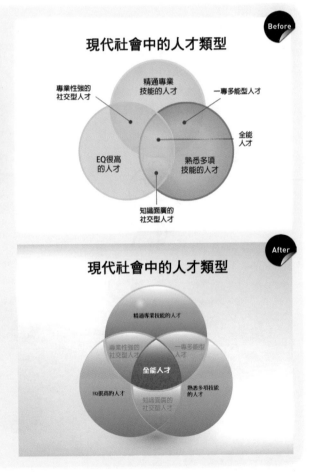

應用分析

瀏覽這兩張圖，若要領會圖中的內容要點，第一張花的時間會比第二張來得多。瀏覽第一張圖時，觀眾的視線需要跟隨直線的指引，且各部分的字體格式都一樣，增加了觀眾區分不同資訊內容的難度。而第二張圖中用了灰色、橘色、橘紅色，吸引力逐層加強，從視覺上強調了資訊的交集，且不同的字體格式也有利於內容的快速讀取。

當資料間存在著複合關係時，就適合用交叉型思維導向模式圖來表示。這類圖往往會有複合區域，而這些區域是需要進行區分和強調的。

拓展延伸

這類交叉型資訊結構圖的特點是：利用圖解結構的重疊來得到交集，進而為觀眾總結、縮小資訊內容。那麼交叉型結構圖還可以怎樣設計呢？

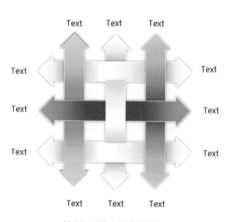

箭頭四面交叉關係圖

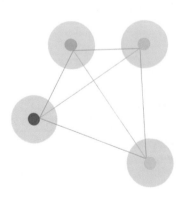

點狀交叉關係圖

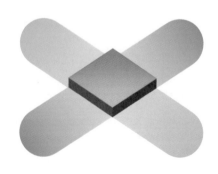

條狀交叉關係圖

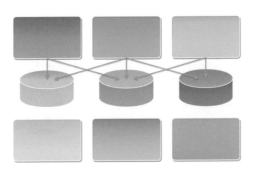

矩形交叉關係圖

圓盤交叉關係圖

十二個資訊組交叉關係圖

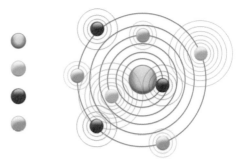

多點擴散交叉關係圖

5-9 對比型思維導向模式

最近怎麼什麼事都不順利啊！我為兩家店鋪的產品情況做了比較，然後用並列關係的圖解法表達出來，經理居然還指責我表達不清楚。

你呀，就是不願意多動點腦袋。像這種比較兩家店鋪產品情況的資訊關係，顯然使用對比型結構圖會勝過並列型結構圖嘛！

情境思考

1. 在只看標題的情況下，你能從第一張圖中得出比較結果嗎？

2. 你能看一眼第二張圖就得出比較結果嗎？

3. 第二張圖比第一張圖好在什麼地方？

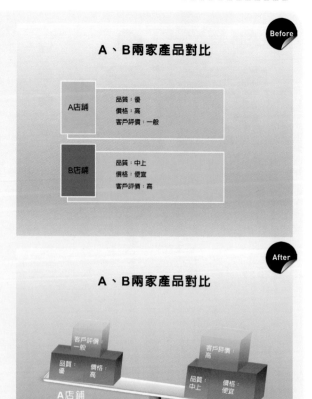

應用分析

從標題就可以大致判斷出來，要傳達的內容之間存在著對比關係，所以選用對比型思維導向模式圖，會比單純使用並列型結構圖更加貼切。比較這兩張圖，可以發現在只看一眼的情況下，只有第二張圖能夠讓觀眾明白資訊的重點——B 店鋪勝過A 店鋪。而且第二張圖的圖形構思也比較形象化，有利於內容的呈現。

平衡關聯結構圖

記得前面的小節也出現過左邊這種「蹺蹺板」類型的構圖吧？千萬不要混淆了，也不要以為本節的例子有誤。思維導向圖的構思靈活，圖形的意義有絕大部分是文字內容賦予的，所以這兩個「蹺蹺板」就看你怎麼理解了。

拓展延伸

對比型結構模式圖適用於有著明顯差異的內容，但在一般情況下，一張結構圖中的對比資訊最好不要超過四組，畢竟對比內容如果太多，就會降低資訊的傳播效率。對比型結構是很常用的思維導向圖，現在就讓我們一起來看看這類圖形還可以怎麼設計吧！

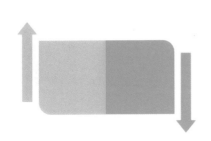

兩個資訊點對立

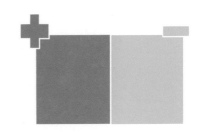

事物的正面和反面對立

四個資訊點發散狀對立

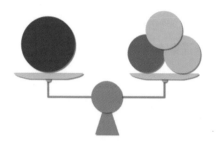

四個資訊點天秤對立

創意類兩個資訊點對立

兩個資訊點圓環對立

複合型思維導向模式

我已經學會很多種類型的思維導向模式圖了，但有時候我想表達的資訊關係比較複雜，很難適用於一種類型，這該怎麼辦呢？

你思考問題比較全面，這種情況確實是存在的。這個時候就要用到複合型思維導向模式圖了，也就是在圖中包含多種關係。

情境思考

1. 你能迅速弄懂第一張圖的內容關係嗎？

2. 第一張圖出現的錯誤是什麼？

3. 你能從第二張圖中看出幾種資訊關係？它們分別是什麼？

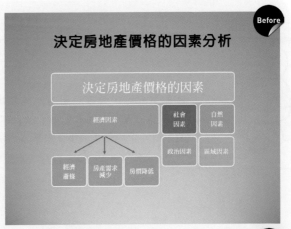

應用分析

很多時候 PPT 頁面上的內容關係並不是單一的，這就需要巧妙地設計複合模式圖來表達。第一張圖中所表達的是並列和附屬關係的內容，即使用了箭頭來進一步表現元素間的關聯，但箭頭所指向的內容又具有遞進關係，所以用並列的色塊來表達也不正確。而第二張圖在左邊用了並列型模式圖來羅列重點，再於右邊使用延伸型模式圖來加強其中一個重點的陳述，將資訊之間的關係表達得十分清晰。

複合型思維模式導向圖的類型很多，往往需要從實際情況出發，選出恰當類型的單一模式圖進行組合；組合時也要考量整體形狀、顏色搭配，才能對複雜的內容進行最有效的表述。

拓展延伸

複合型思維模式導向圖因為結構複雜多變，所以不能單一地增加 SmartArt 圖形中的示意圖來做表達。這類模式圖的設計概念比較靈活，同時帶給觀眾的視覺衝擊力也比較大。

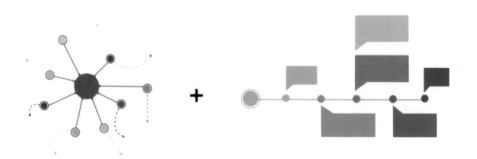

擴散型 + 延伸型關聯式結構

左邊的擴散模式圖可以陳列重點，右邊的條理分明模式圖可以針對其中一個重點做說明。

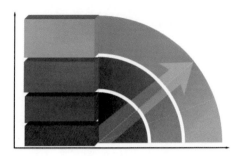

層級型 + 延伸型關聯式結構

從上到下的矩形和弧形色塊可以表達
具有層級關係的內容,而指向性元素
(箭頭)又可以表現出資訊的遞進、推
展關係。

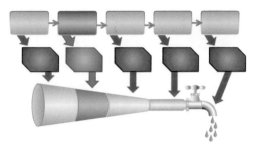

延伸型 + 集中型關聯式結構

指向性元素(箭頭)可以用來表明資
訊的推移關係,而箭頭最後指向的地
方,又可以表示多個資訊的目的、最
終狀態,屬於集中型。

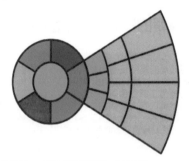

並列型 + 層級型關聯式結構

左邊的圓環可以表示六個資訊點的並
列關係,而右邊的扇形可以表現資訊
的層級關係。

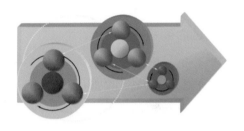

緊密並列型 + 相關型關聯式結構

圓盤中的小球可以表示緊密的並列元
素,而圓盤外的箭頭則可以表現元素
間的相關型關係。

5-11 PPT 頁面邏輯要遵循金字塔原則

哎呀，經理總說我的 PPT 頁面邏輯有問題。我就是不明白，我的 PPT 頁面邏輯到底哪裡有問題？

如果你學過金字塔原則，就會明白 PPT 的頁面邏輯了。每一張 PPT 都應該有中心思想，而且表達的順序也是很講究的。

情境思考

1. 你能了解第一張投影片的內容嗎？

2. 你能一眼就看出第二張投影片羅列的重點嗎？

3. 比較這兩張投影片，你能總結出修改成第二張投影片的重點嗎？

Before

沒有頁面邏輯的PPT內容是這樣的

消費者對我們公司的產品反應很差，有很多投訴的電話，所以產品的銷售量只達到銷售目標的52%。再加上產品價格高過了消費者能接受的範圍。而且那麼多的門市居然就只有十幾個銷售員，不增加銷售員是不能提高銷量的。有很多消費者打電話來投訴說產品有缺陷，所以我覺得有必要改進產品缺點。

After

有頁面邏輯的PPT內容是這樣的

本季度銷售情況不太樂觀！
銷售結果：總共完成了目標的52%，消費者的反應很差。
結果分析：產品價格太高，產品本身有品質問題，而且銷售員的數量也不夠。
改進措施：加快產品研發腳步，提高產品品質；增加銷售員數量。

應用分析

這兩張 PPT 彙報的是相同的季度銷售情況。第一張投影片的內容因為沒有分類、總結，整篇的陳述也沒有條理，讓人看了不知所云；而第二張投影片將內容的重點放在第一句話，隨後進行了資訊分類並總結，整體內容有條有理。PPT 的內容要有中心思想，同時也要有恰當的邏輯順序，只有在頁面邏輯整理清楚了以後，才能根據整理出來的內容設計版式，進而完成 PPT 的製作。

在本章前面的小節中，具體講解了不同類型內容的適用邏輯圖，而在本小節中，為大家講解的是頁面整體內容的邏輯，希望大家不要混淆。

拓展延伸

無論 PPT 的頁面樣式怎樣設計，其核心內容是不會改變的；而要提取核心內容，就應該遵循金字塔原則。下面就為大家詳細講解一下金字塔原則吧！

STEP 1　針對資訊做分類。

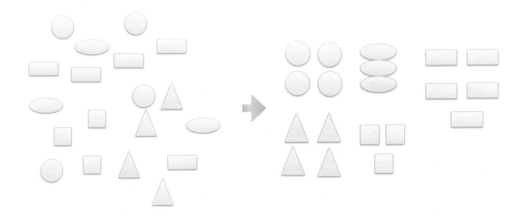

STEP 2 針對資訊進行總結。　　　　**STEP 3** 整理邏輯順序。

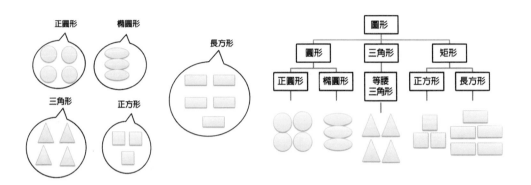

縱向金字塔結構關係模式：

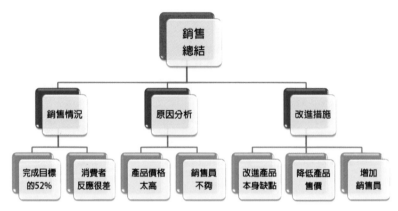

橫向金字塔結構關係模式：

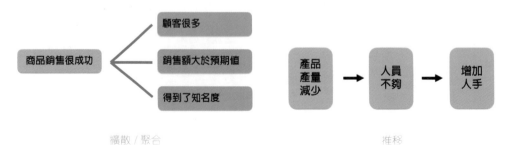

5-12 從目錄看出簡報稿的篇章邏輯

先前你已經很詳細地為我講解單張PPT的部分和整體邏輯了，但我還想知道，一份完整簡報稿的整體邏輯又該是怎樣的呢？

有了前面PPT的頁面邏輯基礎，簡報稿的篇章邏輯就容易多了。簡報稿的整體邏輯要遵循兩個原則：完整性和順序合理性。

情境思考

1. 仔細思考第一張目錄，你能找出什麼錯誤？

2. 商務計畫書的目錄一定要和第二張一樣嗎？還可以怎樣調整呢？

Before

商務計劃書目錄

1. 目標與目的
2. 財務計畫資源需求
3. 風險與回報
4. 任務描述

After

商務計劃書目錄

1. 任務描述
2. 工作組織概況
3. 市場情況分析
4. 目標與目的
5. 財務計畫
6. 資源需求
7. 風險與回報
8. 關鍵問題

應用分析

第一張圖的目錄問題，第一是不夠完整，無論商務計畫書的側重點有何不同，至少還應該包括市場情況分析、風險分析及存在的問題討論；再來就是目錄的順序不當，由於簡報的放映過程通常是直線型的，所以觀眾的思維也會跟著放映順序來理解，而圖中的「任務描述」應該放在「目標與目的」之前較為恰當。第二張圖的目錄就比較完整，順序也很恰當，還可以根據商務計畫的規模大小等情況來做調整。

拓展延伸

簡報稿的目錄根據簡報類型、重點、對象的不同,種類可以有很多種。但只要目錄重點完整、敘述順序得宜,那麼這樣的目錄就符合要求了。下面為大家整理了三種類型的簡報目錄框架。

培訓簡報稿

1. 培訓介紹
2. 重點概述
3. 術語解釋
4. 重點一
5. 重點二
6. 重點三
7. 內容回顧
8. 內容總結
9. 資料補充

培訓簡報稿的內容主要是以傳遞知識、資訊、技能為主。首先要向觀眾介紹本次培訓,然後進行培訓重點概述,告訴觀眾每項重點所要講解的時間,讓觀眾有所安排。接著要將演講過程中會出現的艱澀術語解釋一遍,以免觀眾不能及時吸收知識。然後就是按照順序來講解各項知識,最後再進行回顧總結,並補充觀眾可能需要的資料。

會議簡報稿

1. 會議概述
2. 會議目的
3. 重點一
4. 重點二
5. 重點三
6. 問題探討
7. 總結

會議簡報稿的目的是交流、討論問題,提高做事效率。簡報稿首先要向觀眾講述會議重點及具體目的,然後再分項詳細陳述要點。接著再提出問題,陳述個人觀點,並激發大家討論。最後要總結會議中所提出的各種想法,說明接下來的安排計畫。

專案管理簡報稿

1. 專案概述
2. 競爭分析
3. 所需技術
4. 人力財力情況
5. 專案流程
6. 專案進度
7. 相關資料

專案管理簡報稿的內容,是關於特定專案在有限的時間、空間、資源範圍內的計畫安排及進展情況。簡報框架大致會先介紹專案,接著分析競爭情況(這一點可根據情況斟酌刪減),再講述所需技術,以及目前的人力、財力狀況,然後說明專案流程和專案目前進度。最後可以再補充關於專案的其他資料。

6

PPT 中的圖案可以更精彩

6-1 繪製放大鏡圖形來構成視覺焦點

我覺得自己越來越缺乏創意了，PowerPoint 中有那麼多的圖形，我卻只會繪製色塊。這下好了，我的簡報首頁被經理批評說太平淡了。

其實你可以多留意生活中的小細節，以及別人的小創意。例如，可以為首頁投影片設計一個簡單的放大鏡，構成視覺焦點啊！

情境思考

1. 你能看出第一張投影片的內容重點是什麼嗎？

2. 第一眼看到第二張投影片時，你的視線會集中在什麼地方？

3. 第二張投影片裡的放大鏡是怎麼繪製的？

應用分析

這兩張 PPT 都強調「合作」的概念，但除了文字說明以外，第一張投影片的合作概念並沒有用其他元素來加強。而第二張投影片將握手的人物設計為以放大鏡放大，放大鏡的圓形立刻吸引了觀眾的目光。此放大鏡是用橢圓、矩形、圓角矩形繪製的，手柄還用了金屬材質來填滿。

放大鏡效果的例子相當常見，利用放大鏡來放大事物特點，可以達到強調的作用；再加上圓形有聚焦的功能，能構成視覺焦點，觀眾就不會抓不到重點啦！

技術要點

STEP 1 放大圖片，調整位置。

Tips：如果要放大的主體圖片四周還有其他東西，就需要一起放大。

STEP 2 繪製正圓形來圍繞圖片。

Tips：為了頁面的整體和諧，圓形的填滿也要是黃色，只要和背景稍微不同即可；而圓形的外框則設為褐色。

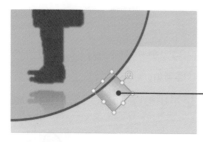

STEP 3 繪製小手柄的部分。

Tips：小手柄是用矩形繪製而成。調整大小和位置時，可在「格式化圖案」窗格中，用微調按鈕調整。

金屬材質填滿

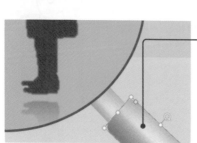

STEP 4 繪製大手柄的部分。

Tips：大手柄是用圓角矩形繪製而成，注意它和小手柄的銜接關係。

STEP 5 繪製手柄細節。

Tips：手柄細節是用矩形繪製而成。在繪製時，為了能清楚看見細節，可以按住 Ctrl 鍵並向上滑動滑鼠滾輪，放大工作區的顯示比例。

6-2 相同圖案、不同大小，可以表示不同重要性的內容

你跟我說要強調重點，我就照辦了，分別強調了提高銷量的四個重點，但經理卻說我的區分很不恰當，你快幫幫我吧！

誰叫你只會用文字來強調重點資訊！觀眾的視線會最先被顯眼的圖形、色彩等元素吸引，你可以從圖案方面下手嘛！

情境思考

1. 觀察第一張圖，你是怎樣區分各項要點的？

2. 第一張圖四個相同大小的圖案，會不會讓你覺得這四點同樣重要？

3. 再觀察第二張圖，你的視線會怎麼移動？這樣設計圖案有什麼作用？

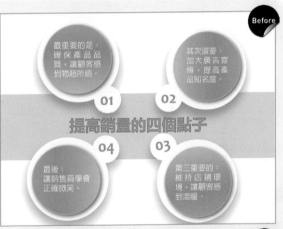

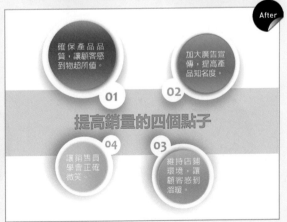

應用分析

第一張圖四個部分的圖案大小和顏色都一樣，只用了「最重要」、「其次」等字眼來強調內容的重要程度，這樣的強調方式是不顯眼的。如果改為第二張圖所示，將四個圖案的大小、顏色調整為各不相同，那麼觀眾的視線自然會從最大的圖案開始順時針閱讀，那麼即使不需要強調的字眼，也可以獲得很好的強調效果。

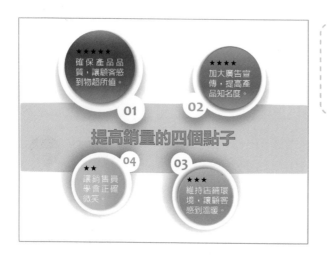

如果你不放心只用圖案大小和顏色來區分資訊的重要程度，也可以進一步為各項內容加上不同數量的星星標識。

技術要點

STEP 1 繪製大圓形。

Tips：按住 Shift 鍵可以繪製出正圓，否則就會是橢圓。

STEP 2 繪製小圓形。

Tips：將小圓的位置調整到與大圓相交，以便下一步操作。

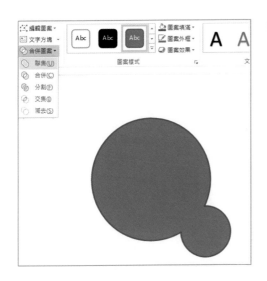

STEP 3 合併兩個圓形。

Tips：使用「聯集」指令時，選取圖案的順序不會有影響。

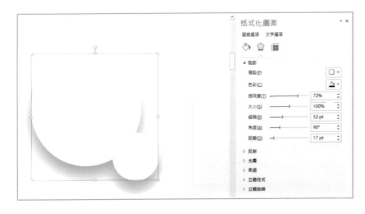

STEP 4 設定圖案的 陰影格式。

Tips：先將圖案的填滿和線條都設為純白色。設定陰影效果可以增加立體感，陰影顏色為 R0、G0、B0。

STEP 5 繪製圓形。

Tips：同時按住 Shift 和 Ctrl 鍵，能夠以滑鼠點擊點為圓心，繪製正圓形。

STEP 6 設定漸層填滿。

Tips：停駐點 1 位置 0%，R255、G153、B255；停駐點 2 位置 34%，R204、G0、B153；停駐點 3 位置 53%，R226、G0、B167；停駐點 4 位置 100%，R255、G153、B204。

STEP 7 設定陰影效果。

Tips：陰影顏色為 R0、G0、B0。

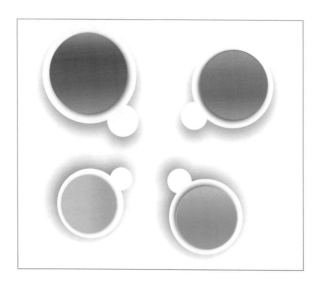

STEP 8 完成前述步驟後，複製組合的圖案並調整大小和顏色。

用 3D 立體圖形來表達豐富的含義

我需要一點創意！我想要呈現公司開業四年的營業情況比較，可是這四年的成本在變、營業額在變、利潤也在變，我不知道該如何發揮創意。

動腦筋想一想吧！如果用 3D 立體小球來表示營業額，用小球中的水來表示成本，那剩下的部分不就是利潤了嗎？

情境思考

1. 你是用什麼方法從第一張圖中看出公司四年的盈利變化？

2. 和第一張圖相比，第二張圖的優點是什麼？

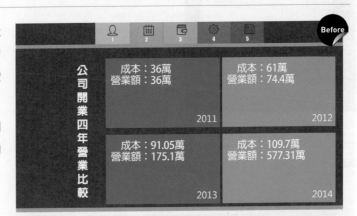

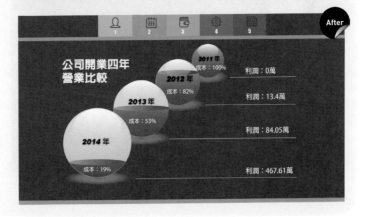

應用分析

第一張圖單純以文字來說明四年來的營業情況,觀眾只能透過數字來看出盈利變化,而純利潤則需要觀眾自行做簡單的運算,降低了資訊的傳播效率。而第二張圖則巧妙地用裝了水的球來表示成本、營業額、利潤三者的關係,視覺衝擊力非常大,也很形象化。

技術要點

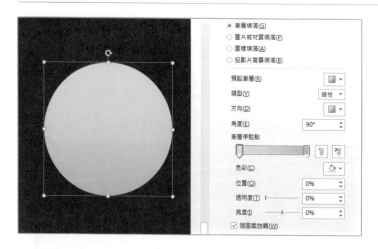

STEP 1 繪製正圓形並設定漸層填滿。

Tips:停駐點 1 位置 0%,R225、G225、B225;停駐點 2 位置 100%,R192、G192、B192。

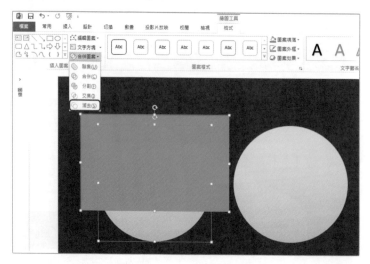

STEP 2 用合併圖案繪製半圓。

Tips:複製上一步的圓形,再繪製一個矩形,依次選取圓形和矩形後,再點擊「減去」指令。

STEP 3 設定半圓形的格式。

Tips：停駐點 1 位置 0%，R219、G3、B39；停駐點 2 位置 53%，R175、G5、B29。

STEP 5 設定橢圓形的格式。

Tips：停駐點 1 位置 0%，R165、G0、B33；停駐點 2 位置 50%，R255、G51、B0；停駐點 3 位置 100%，R255、G153、B0。

STEP 4 繪製橢圓形。

Tips：橢圓要放在半圓之上，這是為了讓水的效果更加真實。

STEP 6 增加球體的亮部和陰影。

Tips：亮部：停駐點 1 位置 0%，R255、G255、B255；停駐點 2 位置 100%，R192、G192、B192，透明度 80%。陰影的類型為「路徑」：停駐點 1 位置 0%，R89、G89、B89，亮度 35%；停駐點 2 位置 100%，R154、G190、B193，透明度 100%。

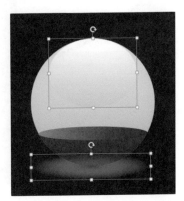

6-4 用燈泡圖案來表達你的好點子

創意創意！究竟怎樣才算是有創意嘛？我做了一頁 PPT，背景用黑色來象徵黑暗與危機，然後在圖說圖案上加上度過危機的好點子。怎麼大家都說很普通！

哈哈，你這頁 PPT 畫面確實太普通了。不如用黑暗中發光的燈泡吧！這樣寓意會更好。

情境思考

1. 哪張投影片更能讓你覺得眼前一亮？為什麼？

2. 你覺得第二張圖的燈泡圖形複雜嗎？思考一下它是怎樣繪製的吧！

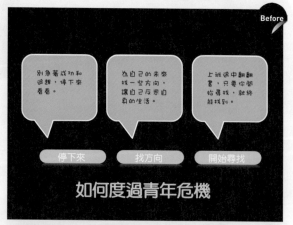

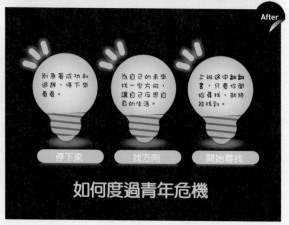

應用分析

圖中所要表達的內容是關於度過危機的一些好點子，所以第二張圖的燈泡會遠比第一張圖的圖說寓意更深刻，且能與主題相呼應，進而讓觀眾眼前一亮。而第二張圖的燈泡圖案其實並不複雜，它是由圓形的燈泡主體、曲線的燈泡底座所組成，並使用了圖片填滿。

本例燈泡底座的圖片填滿素材，其實是截取了燈泡圖片的底座部分，如左圖所示。

技術要點

STEP 1 繪製燈泡上面的部分。

Tips：漸層填滿的類型為「輻射」，停駐點 1 位置 17%，R231、G251、B44；停駐點 2 位置 90%，R154、G180、B57。

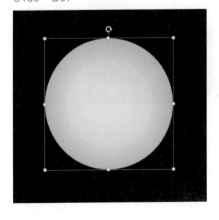

STEP 2 選擇曲線圖案。

Tips：曲線圖案可以繪製出任意形狀的圖形。

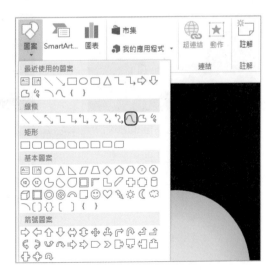

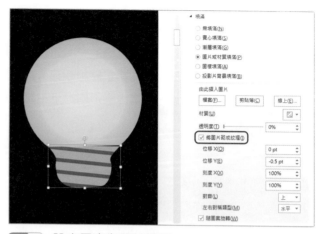

STEP 3 繪製燈泡底座。

Tips：按住 Ctrl 鍵可以繪製直線，否則就是曲線。最後可以進入端點編輯狀態，調整圖案。

STEP 4 設定圖案為圖片填滿。

Tips：事先準備好燈泡底座的圖片，將其插入後，要記得勾選「將圖片砌成紋理」選項，這樣才能進行位移調整。

STEP 5 繪製燈泡下面的部分。

Tips：同樣也是利用曲線圖案。

STEP 6 完善細節。

Tips：左上角的光是三個小圓角矩形，綠色填滿，並設定了光暈效果。下面的陰影是類型為「路徑」的漸層填滿，停駐點 1 位置 0%，R89、G89、B89，亮度 35%；停駐點 2 位置 100%，R238、G236、B225，透明度 100%。

6-5 試著用沙漏圖案來呈現資料

你說過可以繪製裝了水的球體來表現資料，我覺得這個創意很好。可是我現在要表達跟回收量有關的資料，又該怎樣設計呢？我只能想到用表格表示。

你可以試試沙漏圖案！用沙漏上面沒有被漏掉的沙子來表示回收回來的資料，非常形象化喔！

情境思考

1. 你能從第一張圖上感受到形象化的數據嗎？

2. 回饋券的使用率和沙漏有什麼聯繫？

3. 第二張圖的沙漏是怎樣繪製的？

百貨周年慶回饋券使用率

第一天	第二天	第三天
85%	50%	20%
顧客積極性很高，購買商品拿到回饋券後，大都立刻使用。	顧客熱情減少，但還是有不少客戶使用回饋券。	不少顧客選擇放棄使用回饋券上的優惠，現場回饋券遍地散落。

百貨周年慶回饋券使用率

第一天　　　　第二天　　　　第三天

85%　　　　50%　　　　20%

顧客積極性很高，購買商品拿到回饋券後，大都立刻使用。　　　顧客熱情減少，但還是有不少客戶使用回饋券。　　　不少顧客選擇放棄使用回饋券上的優惠，現場回饋券遍地散落。

應用分析

第一張圖使用單純的表格來表現具體資料，並增加了說明文字，清楚地表達了資料，但是並不形象化。聯想到回饋券的使用方式是發放到顧客手中，顧客進行使用後，又返回到商家手中，所以在第二張圖設計了沙漏圖案；漏了的沙就代表沒有回收的回饋券，相當形象化。而沙漏則需要利用圖案的合併、圖片填滿等操作指令來繪製。

大家可不要被沙漏複雜的形狀嚇到喔！將沙漏拆開來繪製就容易多了。

技術要點

STEP 1 繪製兩個大小不同、圓心相同的橢圓。

STEP 2 先後選取大圓和小圓，然後將圖案減去。

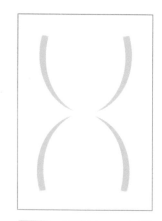

STEP 3 複製上一步驟的圖案並將其旋轉 180 度，調整位置。

STEP 4 繪製一個橢圓和一個長條矩形。

STEP 5 用曲線圖案繪製沙漏的底座。

Tips：按住 Ctrl 鍵可以繪製直線。

STEP 6 將橢圓的上面剪去後，聯集步驟 4 和 5 繪製的圖案，並為其設定填滿格式。

STEP 7 繪製圓角矩形。

Tips：利用圓角矩形上方的黃色控點，調整四個圓角的弧度。

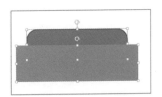

STEP 8 繪製一個矩形，並與圓角矩形的二分之一重疊；然後依次選取圓角矩形和矩形，進行圖案減去。

STEP 9 用木質素材的圖片填滿半個圓角矩形，然後再複製另一個，並調整它們的位置。

STEP 10 在沙漏底部繪製一個橢圓,作為沙漏的陰影。

STEP 11 設定橢圓的漸層填滿。

Tips:停駐點 1 位置 16%,R93、G66、B37;停駐點 2 位置 78%,R238、G236、B225,透明度 100%。

6-6 用手的指向來引導觀眾目光

做 PPT 時，如果很需要引導觀眾目光，找只能聯想到用箭頭圖案，但有時候箭頭給人的感覺比較普通、呆板，有沒有別的方法呢？

其實凡是具有指向性意味的圖案，都可以發揮引導作用，例如手指、光束等等。

情境思考

1. 你知道這兩張 PPT 的圖案有什麼共同作用嗎？

2. 為什麼要將箭頭圖案改為手指圖案？

3. 用前面講過的繪製方法，你知道手指圖案是怎麼繪製的嗎？

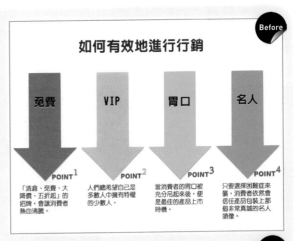

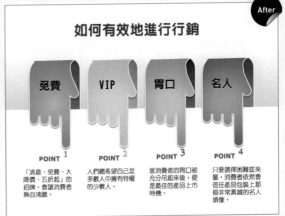

應用分析

分析這兩張 PPT，箭頭圖案和手指圖案都具有引導觀眾目光的作用，但箭頭已經在太多的 PPT 中出現過，且第一張圖的箭頭圖案顯得有些呆板。而換成手指圖案就可以給人耳目一新的感覺，十分活潑有趣。手指圖案的繪製同樣可以分為幾個部分，透過簡單圖案的組合、圖案端點的編輯而成。

手指圖案可以分解為兩個部分，如左圖所示，其中帶有手指的部分，可以利用圓角矩形和矩形聯合組成。

技術要點

可以在調整好手指位置後，再拖曳調整手掌的邊緣寬度，以符合手指的寬度。

STEP 1 繪製代表手掌的矩形。

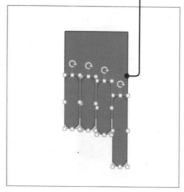

STEP 2 繪製四個圓角矩形，並調整位置。

STEP 3 複製一個圓角矩形，並調整位置。

Tips：傾斜角度不宜太大，23 度左右即可。

STEP 4 聯集圖案。

Tips：先選取要合併的圖案，再點擊「聯集」指令。

STEP 5 調整端點。

Tips：為了讓圖案更逼真，稍微替手掌上方調整出弧度。

STEP 6 設定漸層填滿及外框線條。

Tips：停駐點 1 位置 0%，R255、G192、B0；停駐點 2 位置 100%，R228、G108、B10，亮度 -25%。

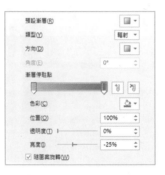

STEP 7 繪製手掌背景圖案。

Tips：由兩個圓角矩形減去而成，填滿的顏色要比手掌略深。

STEP 8 調整手掌背景圖案的位置。

6-7 做出真實的紙張效果

老大，我把一些中肯的建議做成了 PPT，想要讓觀眾感受到我的誠懇，進而認同我的觀點。可是我要怎樣做呢？

若想要 PPT 有親切感，可以嘗試一些清新風格的元素，例如紙張效果的圖案，再搭配上手寫體文字，你的誠意就「躍然紙上」啦！

情境思考

1. 比較這兩張圖，它們給你的感覺有何不同？

2. 第二張圖為什麼要將四個背景圖案設計為紙張效果？

3. 製作紙張效果的要訣是什麼？

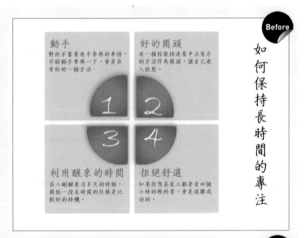

應用分析

兩張 PPT 的內容都是一些十分中肯的建議，如果能讓觀眾感受到質樸、親切的氣息，就能取得更好的傳播效果。PPT 中的字體都是手寫體，但第一張圖的背景圖案是普通的矩形，與手寫字體感覺不太協調；而第二張圖將矩形設計為紙張效果後，畫面感就提升了許多。製作紙張效果的要訣就是圖案陰影的設定，陰影可以讓圖案變化多端。

調整圖案的陰影效果可能很難達到預期效果，本例是繪製了一個陰影形狀來放在背景圖案之下，如左圖所示。

技術要點

STEP 1 繪製矩形。

STEP 2 複製步驟 1 的矩形，並將左下角的端點往左下方拖曳，完成陰影初步的形狀。

STEP 3 設定矩形的漸層填滿。

Tips：停駐點 1 位置 0%，R、G、B 均為 204，亮度 -5%；停駐點 2 位置 49%，R、G、B 均為 242，亮度 -5%；停駐點 3 位置 99%，純白色。

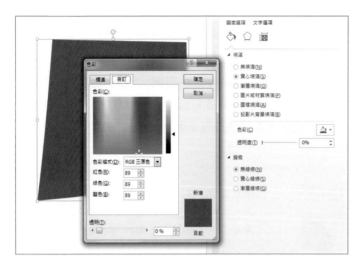

STEP 4 設定陰影形狀的填滿效果。

Tips：實心填滿，顏色不要太黑，否則會有生硬的感覺。

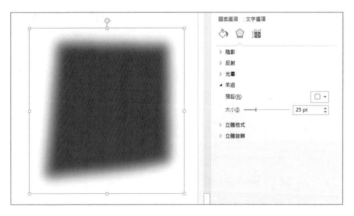

STEP 5 設定陰影形狀的柔邊效果。

Tips：注意，邊緣柔化值太小會讓陰影看起來不真實，太大則會看不見陰影，所以要取合適的值。

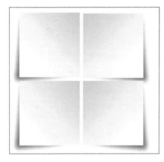

STEP 6 複製矩形和陰影並調整位置。

Tips：注意陰影的方向，以獲得更加真實的效果。

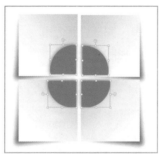

STEP 7 利用「圓形圖」圖案來繪製四個圓形切片。

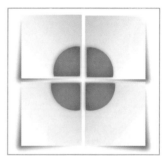

STEP 8 設定圓形圖的填滿效果。

Tips：圓形圖的填色可隨意配置，不影響陰影效果。

6-8 找不到合適的圖片，不如繪製合適的圖案

我被主管指責不夠認真啦！就因為我關於林業經濟的 PPT 配圖不正確。這麼小的細節都被發現啦，可是我就是找不到合適的圖片嘛……

你的 PPT 內容是林業經濟，所以你肯定就胡亂找了一些樹的圖片吧！其實你也可以繪製樹狀圖案啊！既簡潔又美觀。

情境思考

1. 仔細觀察第一張圖，你可以指出有哪些不妥的地方嗎？

2. 修改過後的第二張圖好在哪裡？

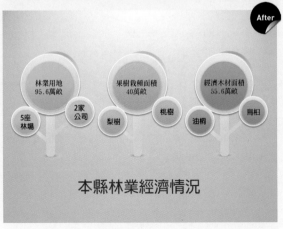

應用分析

這兩張 PPT 的內容是關於林業經濟的，可說是比較嚴謹的話題。再加上描述中有十分明確的「梨樹」、「油桐」、「烏桕」這樣的字眼，而配圖卻是隨便找了三張圖片，專業的人一眼就可以看出配圖與文字描述不符！即使是找到與描述相符的圖片，也會存在一些問題，例如有「梨樹」和「桃樹」字眼的區塊到底要找哪種樹的圖片？難道都找嗎？這樣空間會不會太擠呢？且第一張投影片的三張圖片去背效果並不一致，降低了 PPT 的專業性和嚴謹性。修改後的第二張投影片則繪製了一致的樹形圖案，並將內容的關鍵字放在圖案上，既避免了找圖的麻煩，又顯得乾淨俐落。

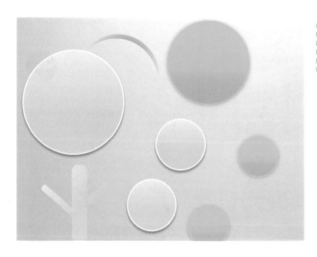

讓我們來看看樹的圖案是由哪幾部分組成的吧！

技術要點

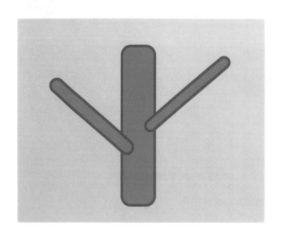

STEP 1 繪製樹幹。

Tips：樹幹是由三個大小不同、角度不同的圓角矩形所構成。

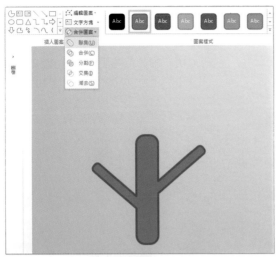

STEP 2 聯集圓角矩形。

Tips：如果沒有合併這三個圓角矩形，它們就會保留各自的輪廓，進而影響填滿效果。

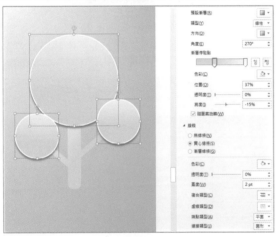

STEP 3 繪製三個圓形。

Tips：停駐點 1 位置 37%，R、G、B均為 217，亮度 -15%；停駐點 2 位置 100%，R、G、B 均為 242，亮度 -5%。

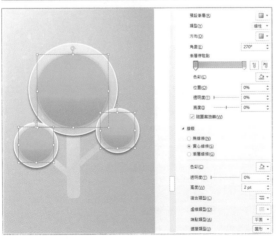

STEP 4 再繪製三個圓形。

Tips：停駐點 1 位置 0%，R122、G183、B58；停駐點 2 位置 100%，R146、G218、B70。

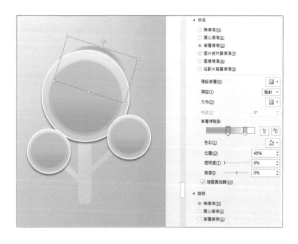

STEP 5 繪製小弧形。

Tips：停駐點 1 位置 45%，R115、
G180、B43；停駐點 2 位置 81%，
R137、G215、B53，透明度 100%。

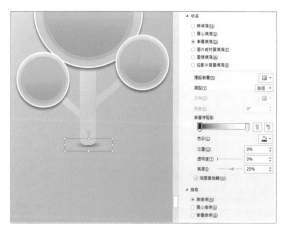

STEP 6 繪製樹的陰影。

Tips：停駐點 1 位置 0%，R、G、B
均為 64，亮度 25%；停駐點 2 位置
100%，R238、G236、B225，透明度
100%。

6-9 | 沒有好創意，就將平面圖案變成立體的吧

老大，快救救我，我實在沒有好的創意啦！我要介紹一個家具城，但我不可能繪製各種家具吧，找又不是學繪畫的！

別急別急！如果你實在是不知道該怎麼設計 PPT，那就將 PPT 中的平面圖案變成立體的吧！這樣即使不用精心設計圖案，也可以加強畫面感。

情境思考

1. 如果你是買家，第一張和第二張投影片的家具城介紹，何者會讓你產生購買慾望？

2. 分析一下第二張投影片的立體感是怎麼做的？

應用分析

這兩張 PPT 的內容是介紹家具城,而家具是實際存在的東西,所以立體感、空間感較強的第二張投影片能帶給觀眾強烈的真實感,同時,精緻的立體畫面也會讓觀眾覺得這些家具是很高級的。其實要做出第二張投影片的立體感並不難,要訣就是圖案傾斜角度的掌握,以及立體矩形上亮部效果的設定。

先繪製矩形再設定「浮凸」和「立體格式」,就能將矩形變成立方體;或是直接選擇「立方體」圖案,也可以快速繪製出立方體。

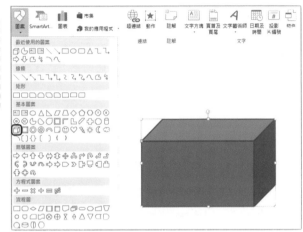

技術要點

STEP 1 繪製輔助線。

Tips:繪製輔助線的目的,是要讓立方體排列在同一條線上。完成 PPT 製作後,需要將輔助線刪除。

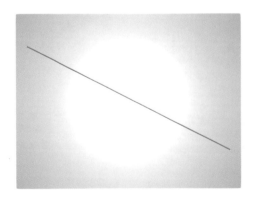

STEP 2 繪製立方體。

Tips:在「圖案」下拉選單中的「基本圖案」裡還有「圓柱」圖案。

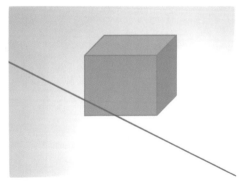

STEP 3 設定立方體大小和立體旋轉角度。

STEP 4 設定立方體的漸層填滿。

Tips：停駐點 1 位置 14%，R153、G38、B0；停駐點 2 位置 60%，R204、G49、B0；停駐點 3 位置 85%，R210、G57、B0；停駐點 4 位置 100%，R250、G70、B0。

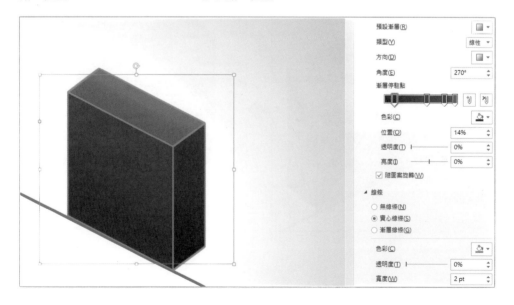

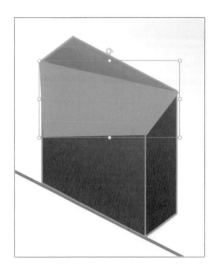

STEP 5 繪製不規則圖案。

Tips：純白色的實心填滿，透明度 81%。

STEP 6 繪製三角形。

Tips：停駐點 1 位置 0%，R131、G55、B90，透明度 62%；停駐點 2 位置 100%，R226、G100、B157，透明度 57%。

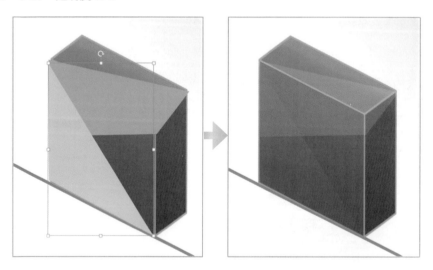

7

為資料量身訂做圖表

7-1 表現時間的資料對比

老大，我又遇到麻煩啦！最近我統計了公司前四個月的銷售資料，可是我不知道要做成怎樣的圖表比較好。

你先不要著急啊！你的資料明顯是與時間有關的，而直條圖會比橫條圖更適合用來表現與時間有關的資料。

情境思考

1. 觀察第一張表格，你知道表格所要表達的資訊是什麼嗎？

2. 在資料不變的情況下，你覺得哪一張圖更能傳達資訊？

3. 你知道為什麼要用第二張圖表來表現第一張表格中的資料嗎？

公司各分店業績比較

店鋪	一月	二月	三月	四月
A 店業績（萬元）	20.4	27.4	90	20.4
B 店業績（萬元）	30.6	38.6	34.6	31.6
C 店業績（萬元）	45.9	46.9	45	43.9

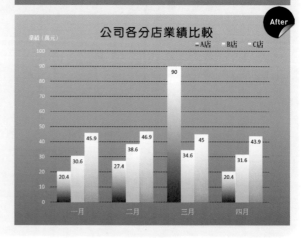

應用分析

觀察第一張表格的標題和資料，可以得知這是公司三個分店在前四個月的業績比較情況。關鍵點就是資料大小的對比，而可以用來對比資料大小的圖表，比較典型的就是直條圖和橫條圖；但本例的資料又有明顯的時間性，所以綜合考慮後應使用直條圖。比較兩張圖可以發現，表格僅僅是羅列了資料，而圖表不僅有資料，還將資料具體化了，既能迅速傳達資訊，也可以讓觀眾專注於資料重點。

直接將表格中的資料做為直條圖的來源資料，就可以輕鬆製作出與資料相符的圖表了！

拓展延伸

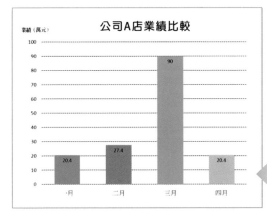

單一項目資料比較

將 A 店的資料單獨選取出來，還可以製作出只有單一項目的時間比較，則 A 店在四個月中的業績情況就一目了然了。

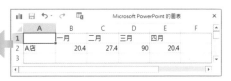

不同資料與總量的比較

可以用來表示不同時間段、不同分店的業績大小，以及不同分店業績相比公司總業績的大小關係。

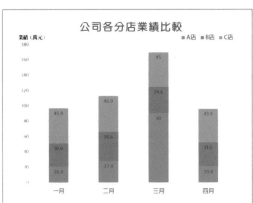

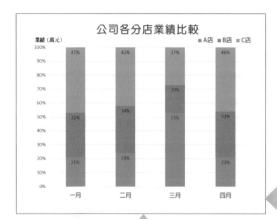

不同資料所占總量百分比的比較

可以用來表示不同分店的業績占公司總業績大小的比例。其中圖表的垂直軸總數為 100%，所以要先將每月分店業績轉換為所占當月總業績的百分比；或是轉換為小數後，設定資料標籤的顯示方式為百分比。

7-2 表現分類的資料對比

找好煩啊！資料分類太多我就頭大，不知道怎麼做圖表比較好。

你又開始心急了！資料分類多不要怕，選好圖表類型是關鍵。對於多分類的資料對比，不如就用橫條圖吧！這樣資料的關係就清晰、明朗了。

情境思考

1. 你能一眼就看出第一張表格中哪位職員的 B 產品銷量最好嗎？

2. 你還能從第二張圖表中得出什麼訊息？

3. 結合前面的知識，想想看，橫條圖和直條圖有什麼區別？

Before

員工本月銷量對比

員工	A 產品（件）	B 產品（件）
職員A	101	65
職員B	94	80
職員C	88	60
職員D	76	95
職員E	55	44
職員F	50	67
職員G	45	62
職員H	39	65

After

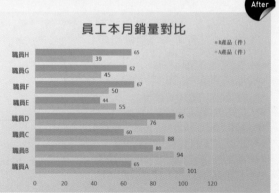

員工本月銷量對比

應用分析

第二張圖表和第一張表格中的資料都是一樣的，但換成橫條圖後就清楚了很多。圖表中相同顏色的橫條代表了同一類產品、不同職員的銷售量，只要比較相同顏色的橫條，就可以迅速得出 B 產品職員 D 的銷售量最大。同時，也可以比較代表同一員工的相鄰兩橫條，從中得出某位員工不同產品的銷售情況。橫條圖比直條圖更適合用來表現多分類的資料，但直條圖在表現與時間有關的資料上，又比橫條圖還要適合。

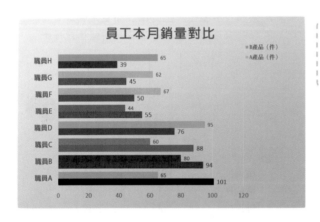

大家千萬不要把圖表的長條色彩設定得太過雜亂，這樣會不方便辨識資料喔！

拓展延伸

下面我們就來看看，分類資料還可以用怎樣的圖表來表現吧！不同表現方法所得到的資訊又有何不同呢？

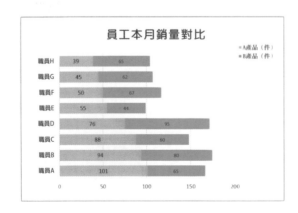

不同產品銷量和員工的比較

可以看出不同員工 A 產品和 B 產品的銷售總量比較情況。如左圖所示，我們很快就能得出職員 D 銷量總量最大的結論。同時，也可以單獨比較不同員工在不同產品上的銷量大小。

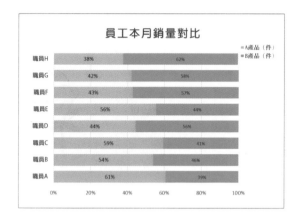

不同產品銷量占總量百分比比較

可以看出同一個員工不同產品銷量占自己產品銷售總量的百分比大小，進一步總結出哪位員工更適合什麼產品的銷售，進而調整員工的銷售任務。

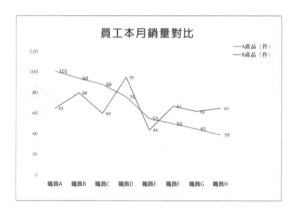

基於產品分類的比較

將資料的比較分類從員工變成產品，進而看出 A 產品與 B 產品的銷售情況。如左圖所示，可以得出 A 產品由職員 A、B、C 銷售時，會明顯大於 B 產品；再進一步調查 A、B、C 員工所在的地理位置、人群流量等情況，看看是否對產品銷售產生相同的影響，以便做出對策。

7-3 表現資料變化趨勢

我將公司分店四個季度的銷量統計在表格中，其實我覺得表格已經將資料表達得很清楚了，經理卻還是要求我做成圖表。

經理要的是快速得到結論，如果你將資料做成了圖表，不就是間接地為經理分析了資料嗎？像是如果你想表達銷量的變化趨勢，就可以運用折線圖。

情境思考

1. 若要分析第一張圖和第二張圖的資料，哪張圖你花的時間最少？

2. 你能從第二張圖表中得出什麼資訊？

服裝公司分店銷量變化情況

季度	A店（件）	B店（件）	C店（件）	D店（件）
一季度	2000	2800	650	300
二季度	1500	2000	1000	500
三季度	2300	1750	800	1400
四季度	2440	780	1860	1500

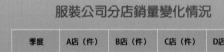

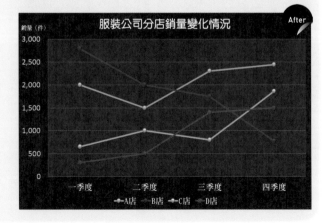

應用分析

這兩張圖的資料是服裝公司四家分店一年四個季度的銷量變化。但從第一張表格的資料來看，很難迅速做出判斷；若是換成第二張圖表，就可以快速總結出除了 B 分店，其餘三家分店在四個季度中的銷量都有上升的趨勢。同時，在第二張圖表中，還可以分析出前面兩個季度的 B 分店銷量情況最好、D 分店最差等資訊。

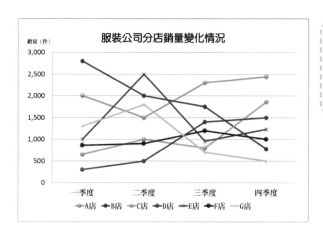

用折線圖表示資料趨勢時，不適用於分類太多的資料，如左圖所示，折線數量太多會顯得很混亂。

拓展延伸

若想表現資料的趨勢，折線圖是最佳的圖表。但若要表現不同資料的重點資訊，就可以選用不同形式的圖表；並可藉由在圖表中增加趨勢線、系列線，有效地突出資料的變化趨勢。

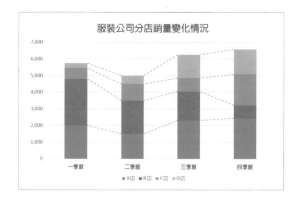

表現單項資料趨勢和總體資料趨勢的圖表

如左圖所示，可以一眼看出不同分店四個季度的銷售量走勢，同時，由於長條的高低代表了每一季度的銷售總量，所以還可以從位於最高處的趨勢線判斷出，公司在第四季度的銷量最大，因此應該在這個季度擴大生產。

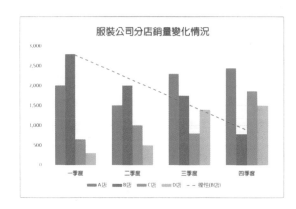

突出單一項目趨勢的圖表

分析表格的資料可以發現,雖然 B 分店的銷量在第一季度遙遙領先,但隨後卻一直在下降,而其餘分店都在上升。為了突顯這個反常的情況,可以將 B 分店的銷售趨勢線單獨呈現。

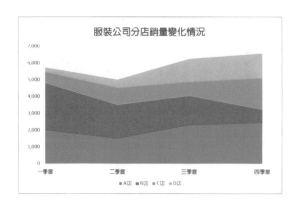

用區域來表現資料趨勢

透過不同色塊的輪廓走勢判斷出分店一年來的銷量變化,也可以透過色塊的大小,判斷出哪一間分店的銷售總量最大。例如 D 分店雖然一直呈現上升趨勢,但它的總銷量卻是最小,因而做出調整:減少 D 分店的總供貨量,並在季度三和四稍微加大供貨。

7-4 表現單項資料的比例關係

找越來越覺得，用圖表表現資料會比用表格更直接。最近找調查了公司客戶的年齡，這樣的資料應該要用圓形圖來表示吧？

圖表的好處確實很多！如果你的資料是著重在表現各年齡層的客戶占公司總客戶的比例情況，那麼圓形圖確實很適合。

情境思考

1. 你能從第一張表格中，一眼看出 20 ～ 30 歲的客戶剛好占公司總客戶的一半嗎？

2. 你能從第二張圖表中得到什麼樣的資訊？

年齡（歲）	人數
50～60	5
45～50	12
35～45	19
30～35	29
20～30	65

公司客戶年齡調查

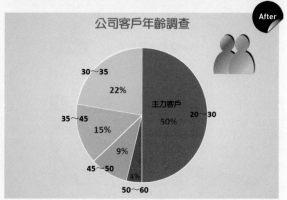

應用分析

第一張表格僅僅是單純的客戶人數統計，而與單純的數字相比，單項資料的占有比例才是這裡真正需要的。因此將資料用圓形圖來表現後，就可以十分明確地表現出各個資料的占比。在第一張表格中，若不透過計算，很難看出 20 ～ 30 歲年齡層的人占總客戶人數的一半；而從第二張圖表中，還可以分析 30 ～ 35 歲的客戶比 35 ～ 45 歲的客戶多了 7% 的人數，進而更恰當地對公司產品進行定位。

圓形圖完成後，要記得調整圓形圖的切片顏色哦！切片顏色如果太相近，是會混淆分類的，所以相鄰的切片最好是用對比鮮明的顏色來表示，調整切片顏色的設定區如左圖所示。

拓展延伸

雖說圓形圖非常適合用來表現各分類資料的值在總和中的占比，但根據情況的不同，也可以有所創新！下面的圖表，同樣也可以表現資料的占有比例。

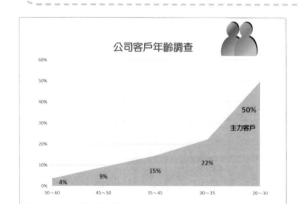

突出資料比例變化的區域圖

從圓形圖可以清楚看出各項資料所占比例的大小，但比例變化趨勢就不是很明顯了。本例如果要強調在 20 ～ 60 歲年齡層內，客戶年齡越小，購買公司產品的可能性越大，那麼就可以使用左圖的區域圖，在表現資料比例的同時，強調資料走勢。

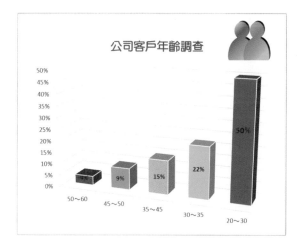

表現資料比例的同時，替資料進行強烈對比

圓形圖在表現資料對比方面不如直條圖來得直接，觀察每條直條的高低，就可以輕鬆判斷出各資料的大小情況。如左圖所示，可以看出 20 ～ 30 歲年齡層比 50 ～ 60 歲年齡層的客戶多出很多，因此公司可以調整銷售策略，將用在 50 ～ 60 歲客戶身上的精力，放在小於 50 歲的客戶身上。

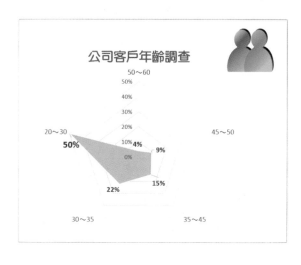

表現資料比例的集中

本例的資料還可以用雷達圖來表現，以圖表的中心點為基準，偏離中心點越遠，則所占比例越大，如左圖所示。黃色區域為公司客戶年齡集中的區域，且區域的面積大多位於圖表中心點的左側，由此看出公司客戶的年齡層集中在 20 歲～ 35 歲。

7-5 表現多項資料的比例關係

不好了，我想表現多項資料的比例關係，可是我發現，最適合表現比例關係的圓形圖只能表現單項資料，怎麼辦呢？

圓形圖的確只能表現單項資料的比例關係，不過你可以用圓環圖啊！圓環圖可以透過分層來表現多項資料的關係。

情境思考

1. 你能從第一張表格中看出公司各分店的利潤比例關係嗎？

2. 第二張圖除了表現出公司各分店的利潤占比之外，還表現出了什麼？

Before

公司分店1月和2月利潤構成

時間	A店 (萬元)	B店 (萬元)	C店 (萬元)	D店 (萬元)
1月	10	15	17	25
2月	11	13	17	30

After

公司分店1月和2月利潤構成

應用分析

第一張表格展示了公司四家分店 1 月和 2 月的利潤情況，屬於多項分類的資料，所以不能用簡單的圓形圖來表現。但將表格中的資料用第二張圓環圖來表現後，就可以同時將兩個月四家分店的利潤關係表現出來。從圖表中不僅可以看出每月各家分店利潤的比例情況，還可以透過相同顏色的圓環切片大小，比較每家分店在不同月份的利潤比例。

本例的圓環圖有兩項分類資料，可以視為兩個單獨圓形圖的合併。

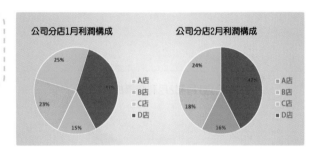

拓展延伸

本例圓環圖的每一層圓環都代表了一項分類資料。同樣的，我們也可以將本例的資料用其他圖表形式表現出來，只要圖表能展示多項資料的相關資訊即可。

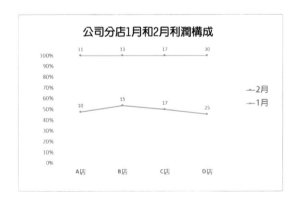

強調分項資料占比與整體比例關係的圖表

垂直軸最大值 100% 代表了店鋪兩個月利潤的總和，而折線縱座標值代表分店不同月份的利潤大小。從空白處的高低可以判斷利潤的變化狀況。

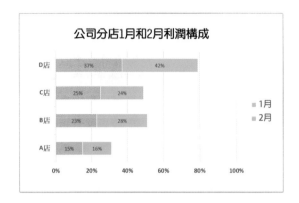

突出分項資料比例大小的比較

縱座標相同的兩種色塊代表了同一分店、不同月份的利潤占比。比較不同縱座標的色塊總長度，可以得出哪一家分店占兩個月利潤總比例最大。

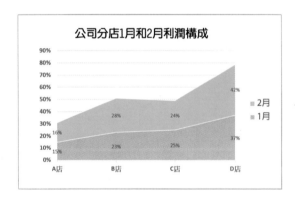

突出分項資料整體比例的趨勢

比較不同顏色的區域大小，可以比較不同月份的所有分店利潤；而透過區域輪廓的走勢，亦可得出利潤占比的趨勢。此外，透過位於上方區域的縱座標值，可以看出每家分店 1 月和 2 月利潤總比例的大小。

7-6 用區域來表現資料

我知道折線圖可以用來表現資料的趨勢,可是折線圖只憑一條彎曲的線來表現資料,感覺有點太抽象了,能不能再具體一點呢?

當然可以將資料的趨勢具體化啦!PowerPoint 的圖表類型中有個區域圖,它可以用資料的面積大小來表現資料趨勢喔!

情境思考

1. 分析第一張表格的資料,裡面傳達了什麼訊息?

2. 你能看出第一張表格中預期值和實際營業額的趨勢嗎?

3. 你覺得將第一張表格換成第二張圖表有什麼好處?

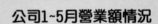

公司1~5月營業額情況

月份	預期值(萬元)	實際營業額(萬元)
1月	82	86.06
2月	82	89.58
3月	82	88.38
4月	86	89.76
5月	86	88.69

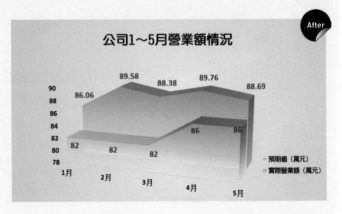

應用分析

第一張表格呈現了五個月來公司營業額的實際值和預期值，但從具體的數字中，我們很難判斷出它們的大小關係及趨勢，不利於營業分析。而第二張圖表用不同顏色的區域面積表現了預期值和實際營業額的大小，讓觀眾能根據不同顏色的色塊面積，快速得出實際營業額大於預期值的結論，且能輕鬆看出公司營業額的趨勢。

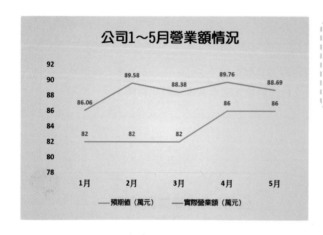

如果將本例的資料做成折線圖，會顯得比較抽象，因為折線圖呈現的僅僅是資料的趨勢關係，如左圖所示。

拓展延伸

用區域圖來表現資料，可以清楚地表現出資料的趨勢，同時也能引起觀眾對資料總值的注意，將資料具體化。那麼我們再來看看，還有哪些圖表可以用區域來表現資料吧！

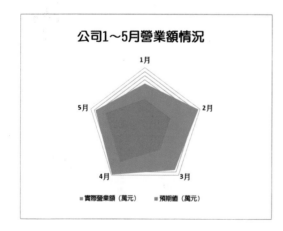

用填滿式雷達圖的區域面積來比較資料

由於雷達圖的資料是從一個中心點出發，所以可以比較填滿式雷達圖的色塊面積，進而強調出資料的大小。注意要將面積小的色塊資料放在上層，否則將會被面積大的色塊遮蓋。

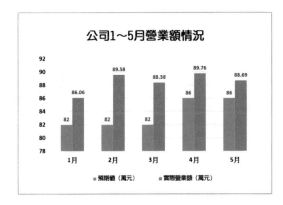

製作直條圖時，圖表會根據資料來自動調整長條的高低，也就等同調整了長條的面積，所以能將要表現的資料形象化，給人具體感。此外，因為它能比較相鄰兩長條的資料大小，所以直條圖是比較資料大小時較好的選擇。

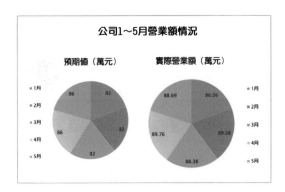

本例的資料有兩個分類，所以可用兩個大小不同的圓形圖，對資料分類的整體值大小進行強調，如左圖就強調了實際營業額大於預期值的比較結果。

7-7 表示有兩個變數的資料相關性

急死人了！我現在要做一個關於產品品質係數和客戶評價係數相關性的圖表，可是我該用什麼圖表呢？難道是折線圖嗎？

不要混淆啊！折線圖是用來反映資料的變化趨勢，而散佈圖才是反映成對資料的相關性。而且在資料量大的情況下，是非常不適合用折線圖的。

情境思考

1. 分析第一張表格中的資料，資料之間有什麼樣的關係？

2. 之所以統計出第一張表格的資料，是為了得到什麼資訊？

3. 將表格資料做成第二張圖表後，你能很快地回答出這兩組資料間的關係嗎？

Before

產品品質和客戶評價變化關係

產品品質	客戶評價
0.2	0.1
0.3	0.1
0.4	0.2
0.5	0.4
0.6	0.5
0.7	0.6
0.8	0.8
0.9	0.8
1	0.8

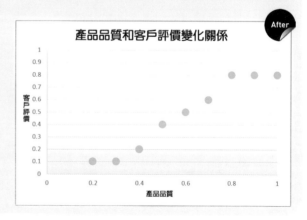

After

應用分析

表格中的兩組資料分別為產品品質和客戶評價係數，觀察資料可以發現，客戶評價係數是隨著產品品質係數而變化的，所以將資料統計出來，是為了得到這種變化關係。但從第一張表格中，我們不容易一眼看出資料間的具體關係，但將資料做成第二張散佈圖後，就可以輕鬆看出客戶評價和產品品質呈正相關性，會隨著產品品質的提高而上升。

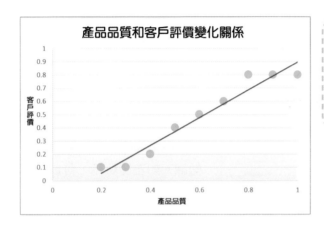

繪製好散佈圖後，還可以為它加上趨勢線，尤其是資料量大的散佈圖，在增加趨勢線後會更容易看出資料間的關係。

拓展延伸

散佈圖很適合用在不考慮時間的情況下分析資料，且資料點越多，分析出來的結果越準確，這也是散佈圖和折線圖在本質上的區別之一。只不過在不同的情況下，根據側重點的不同，散佈點的形式也可以有一定的變化。

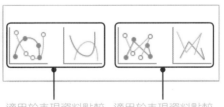

適用於表現資料點較多的變化趨勢。　　適用於表現資料點較少的變化趨勢。

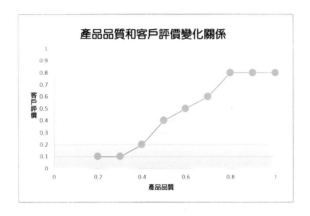

可以看出資料趨勢的帶有直線及資料標記的散佈圖

將本例的資料做成直線散佈圖，不僅可以看出資料間的相關性，還可以清楚看到相鄰資料點間的趨勢。

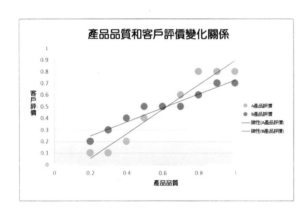

可以比較資料趨勢的散佈圖

在本例的基礎上加上一組資料，然後為這兩組資料增加趨勢線。如左圖所示，可以在分析 A、B 兩產品客戶評價和產品品質相關性的同時，從趨勢線的角度，比較出 A 產品在品質越好的情況下，獲得的客戶評價更高。

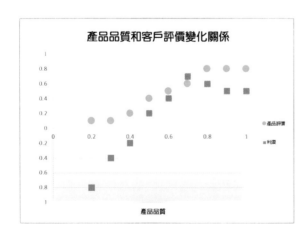

有兩個象限的散佈圖

分析資料的相關性時，不一定所有的資料都會是正數，如左圖所示，在本例的基礎上加上利潤分析，如果產品品質過差，則利潤可能是負數，那麼利潤的資料點就會占據兩個象限的位置。這樣的散佈圖需要設定垂直軸的最小值為 -1。

7-8 表示有三個變數的資料相關性

現在我知道怎麼表現兩個變數的資料相關性了，可是三個變數又該怎麼辦啊？散佈圖好像不能用來表現三個變數！

有一類圖表叫做泡泡圖，是為三個變數的資料量身打造的。泡泡圖的值是由座標的位置及顯示符號的大小所共同決定的。

情境思考

1. 第一張表格中的資料有幾個變數？它們分別是什麼？

2. 將第一張表格的資料做成第二張泡泡圖後，有什麼好處？

公司各分店市場狀況分析

	營業額 （萬元）	產品種類 （種）	市場份額
A店鋪	4.8	10	8%
B店鋪	7.2	18	37%
C店鋪	5.4	12	10%
D店鋪	6.8	25	32%

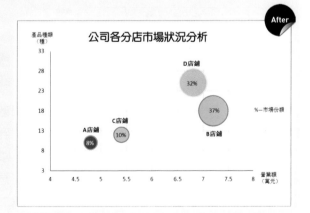

應用分析

第一張表格中有三組資料變數，分別是不同的營業額、不同的產品種類、不同的市場份額。單從表格中三組不一樣的數字資料，很難快速地分析出各分店的市場狀況；而將資料做成第二張泡泡圖後，資料就直接了許多，不必進行數學運算，就能分析 A 店和 C 店的市場狀況較差，而 D 店的產品種類最多，但營業額卻沒有 B 店大等等資訊。

	營業額 （萬元）	產品種類 （種）	市場份額
A店鋪	4.8	10	8%
B店鋪	7.2	18	37%
C店鋪	5.4	12	10%
D店鋪	6.8	25	32%

泡泡圖的值必須有三個值：X、Y、大小。如左圖所示。

X 值：資料點在橫座標的位置。　Y 值：資料點在縱座標的位置。　大小：確定資料點符號的大小。

拓展延伸

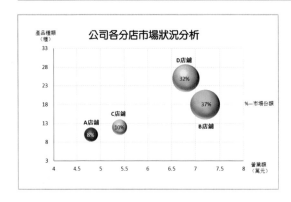

將資料點符號立體化的泡泡圖

泡泡圖的資料點符號大小是有實際意義的，因此將符號設定為立體符號可以增加空間感，並進一步強調數值的大小。

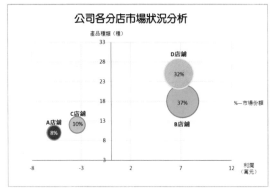

在兩個象限內進行資料分析的泡泡圖

和散佈圖一樣，泡泡圖也可以有一到四個象限。這裡將本例的「營業額」換成「利潤」，則利潤有可能是負數，因此再加上座標軸的第二個象限。

7-9 對多種變數進行多個項目對比的圖表

我現在知道變數為二個和三個時，該選擇什麼圖表了。但如果我要進行多個變數在不同情況下的分析，用什麼圖表好呢？

用雷達圖啊！它可以反映多組資料對應圖表中心點的變化情況，以及反映事物的整體情況。而且雷達圖沒有變數數量和項目數量的限制喔！

情境思考

1. 在第一張表格中，你能一眼看出在實行哪個方案時，飲料的銷量最接近預期目標嗎？

2. 分析比較第二張圖表，你能得到哪些資訊？

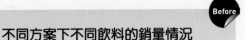

不同方案下不同飲料的銷量情況

飲料名稱	預期目標	方案一	方案二	方案三
礦泉水	200	400	450	600
柳橙汁	650	600	350	250
可樂	700	650	750	150
氣泡水	250	210	150	300
純茶類飲料	200	300	150	450
奶茶	500	200	100	250

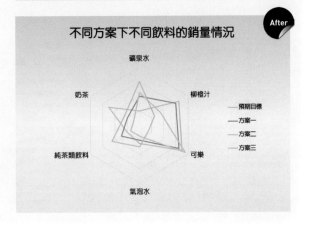

應用分析

第一張表格的資料顯示了不同方案、不同飲料的銷量情況，以及預期目標。但由於變數和項目都不是單一的，所以從表格中很難一眼看出哪個方案最好。而從第二張雷達圖中，我們可以很輕鬆地看出，方案一所代表的線最接近預期目標的線。從圖表中還可分析出，在不同方案下，不規則的閉合線越接近圓心則銷量越小，越遠離圓心則銷量越大。

雷達圖適合用來表現資料數列的整體情況，不適合表現單獨的資料點情況。且資料的分類項目越多，雷達圖的格線形狀就會越近似圓形，如下圖所示。

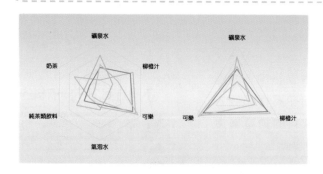

拓展延伸

要表現多變數、多項目的資料，不僅只能使用本例的雷達圖，也可以根據要表現的資料重點，選擇下面形式的圖表。

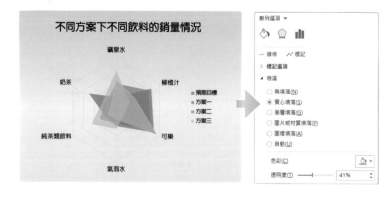

表現資料總量對比的填滿式雷達圖

比較不同方案所代表的色塊區域，就可以比較飲料銷售總量的大小。使用填滿式雷達圖要注意填色的透明度，最好是降低位於上層的區域透明度。

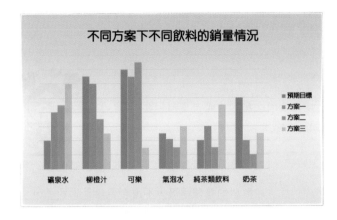

表現分類項目大小對比的直條圖

對於本例表格中的資料，如果只是想要比較不同方案下的各飲料銷量多寡，則可以做成直條圖。如左圖所示，我們可以得知礦泉水在方案三下銷量最好、柳橙汁在方案一下銷量最好等資訊，進而調整方案實施辦法，提高各種飲料的銷量。

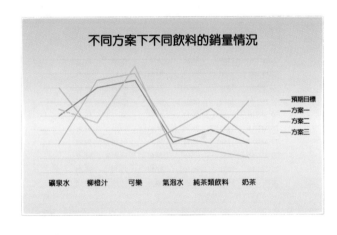

表現分類項目趨勢對比的折線圖

對於本例表格中的資料，如果是想要比較不同方案下的各飲料銷量趨勢，則可以做成折線圖。如左圖所示，將不同方案的折線與預期目標折線比較，可以得知實施方案三時，礦泉水的銷量最大而可樂的銷量最小等資訊。

7-10 表示股價波動情況的圖表

我簡直要被各種資料弄昏頭了！現在公司又給了我股市資料，要我做什麼股價波動圖，哎呀，我的頭好大啊！

其實 PowerPoint 中有專門製作股價波動的圖表，十分簡單，只要選好你所需要的股價圖類型即可。

情境思考

1. 你能從第一張表格中看出股市的波動情況嗎？

2. 從第二張圖表中，你能看出股市成交量的波動情況嗎？

3. 說說看，第二張圖表是什麼類型的股價圖？

股市波動情況

Before

日期	成交量	開盤	最高	最低	收盤
2015/1/5	1700	89.22	89.22	87.31	87.88
2015/1/6	1500	89.67	89.7	89.66	89.17
2015/1/7	1600	87.11	89.45	87.11	89.42
2015/1/8	1478	86.04	87.84	86.04	87.05
2015/1/9	1325	86.02	86.93	85.59	86.06
2015/1/10	1648	86.17	86.94	85.11	85.36
2015/1/11	1875	94.78	94.91	91.73	91.93
2015/1/12	1258	95.96	96.49	94.85	94.99
2015/1/13	1463	97.08	97.49	94.92	97.27
2015/1/14	1663	95.58	97.58	95.89	96.26
2015/1/15	1522	95.25	96.74	95.25	96.68

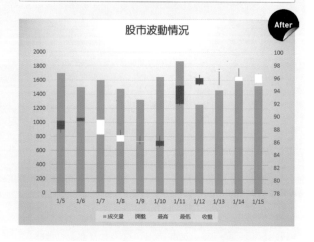

應用分析

第一張表格繁多的資料讓人眼花撩亂，要去分析資料背後的股市波動情況，實在不容易。但將資料做成第二張股價圖後，要進行資料分析就容易多了。例如可以輕鬆地從代表成交量的藍色長條高低情況，判斷出 1 月 5 日到 1 月 15 日股市的成交量波動情況。而此張股價圖屬於成交量 - 開盤 - 最高 - 最低 - 收盤股價圖。

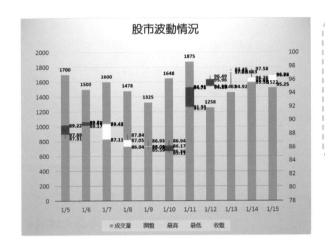

股價圖的資料量通常會比較多，所以要小心調整資料標籤的顯示方式。尤其是本例的成交量 - 開盤 - 最高 - 最低 - 收盤股價圖類型，全部顯示會有 5 個資料標籤，顯示的結果如左圖所示，十分混亂。

拓展延伸

大家是不是覺得股價圖很難理解呢？以本例的股價圖為例，讓我來告訴大家股價圖各部分所代表的資料意義吧！

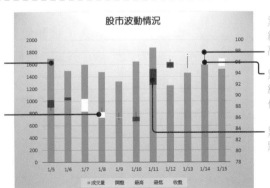

黑 / 白小矩形上方直線的最高點，代表最高數據。

黑 / 白小矩形上方直線的最低點，代表最低數據。

藍色直條的高低，表示股票成交量的數據大小。

黑 / 白小矩形的最高點，代表開盤數據。

黑 / 白小矩形的最低點，代表收盤數據。

其餘股價圖類型：

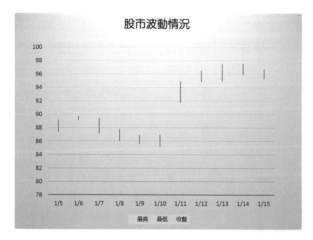

用來顯示股票價格的股價圖

這類股價圖需要按順序排列三個數值系列：最高、最低、收盤。

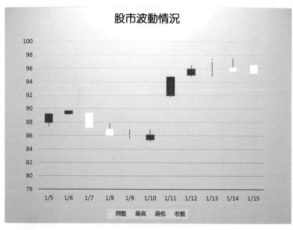

用來顯示開盤、最高、最低、收盤四個數值的股價圖

這類股價圖需要按順序排列四個數值系列：開盤、最高、最低、收盤。

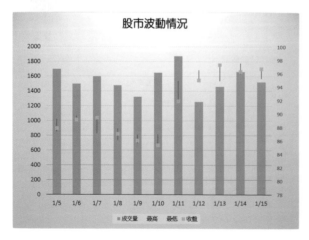

用來顯示包括成交量在內四個數值的股價圖

這類股價圖是按成交量、最高、最低、收盤的順序排列。它使用了兩個數值軸來運算成交量，其一是運算成交量的列，另一個則是運算股票價格的列。

用來尋找資料最佳組合的圖表

我發現資料的種類挺多的，有時候我還真分不清楚該用什麼圖表，例如現在我需要找出資料的最佳組合，用什麼圖表好呢？

如果是要尋找許多資料的最佳組合，那麼最好是選用曲面圖，根據曲面中不同顏色的色塊，就能輕鬆判斷資料的組合情況了！

情境思考

1. 你能快速從第一張表格中，找出工資和人數各為多少時，店鋪的利潤可以維持在 1500 ～ 1700 美元之間嗎？

2. 你明白第二張圖表中不同顏色的色塊是代表什麼嗎？

Before

銷售員人數和工資對店鋪利潤的影響

人數 \ 工資 (美元/天)	50	60	70	80
5	500	600	900	950
10	600	700	1100	1200
15	900	800	1300	1400
20	850	1500	1400	1300
25	800	1300	1600	1200
30	800	900	1000	680
35	450	750	450	600

After

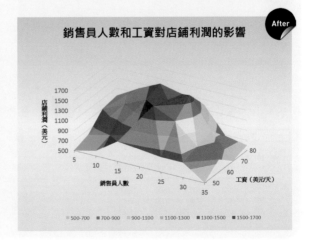

銷售員人數和工資對店鋪利潤的影響

應用分析

第一張表格的資料量較多，要篩選出店鋪利潤維持在 1500 ～ 1700 美元之間時的銷售員工資和人數，需要對資料進行一一比較，相當費時。而從第二張曲面圖中可以看到，不同的顏色代表了不同的數值範圍，代表利潤為 1500 ～ 1700 美元之間的是紅色色塊，則根據紅色色塊的三點座標，就可以確定工資在 60 ～ 70 元／天，人數為 20 ～ 25 時，店鋪利潤最大。

> 本例的資料量不是特別多，所以多花點時間比較一下，就可以從表格中找出資料的數值組合；但在資料量非常大的情況下，從表格中篩選資料就會變得非常困難，此時曲面圖的作用和優勢就會更加明顯。

技術要點

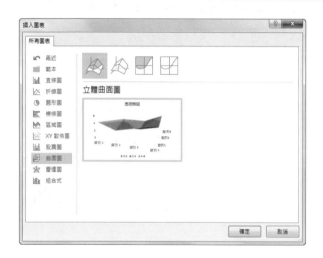

STEP 1 插入立體曲面圖表。

Tips：其餘三種曲面圖分別為只顯示線條的立體曲面圖、俯視曲面圖及只顯示線條的俯視曲面圖，但它們的理解難度都比立體曲面圖大一點。

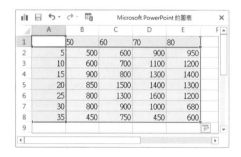

STEP 2 在表格中輸入資料。

Tips：注意，曲面圖的類別和數列都是數字。

STEP 3 點兩下垂直軸。

Tips：因為表格的利潤在 450 ～ 1600 美元之間，所以垂直軸的數值若為 0 ～ 2000，會降低曲面圖高度，不利於資料表現。

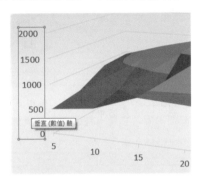

STEP 5 點兩下第一個圖例。

Tips：注意是單獨點兩下第一個圖例，而不是所有圖例，這樣才能單獨對圖例所對應的色塊進行操作。

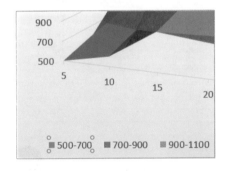

STEP 7 增加標題等元素。

STEP 4 更改座標軸的顯示數值。

Tips：曲面圖座標軸的最大值和最小值，最好接近資料的最大值和最小值。如果設定錯誤，可以點擊「重設」按鈕。

STEP 6 更改圖例顏色。

Tips：按照同樣的方法，可以修改曲面圖中不同數值範圍的色塊顏色。

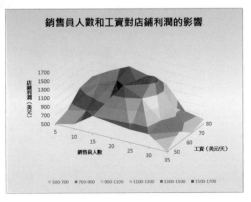

7-12 表現資料多種關係的圖表

老大,我現在有一份需要表現比例關係的資料,可是在某一部分的比例中,又包含了其餘資料的比例關係,這好像只能用兩個圓形圖來表現了,對吧?

在這種情況下,確實要用兩個圓形圖來表現。只不過呢,這兩個圓形圖是結合在一起的,也就是子母圓形圖,它是一種組合圖表類型,可以用來表現資料間的多種關係。

情境思考

1. 如果不仔細分析資料,你能快速看出第一張圖裡兩個表格的關係嗎?

2. 將第一張圖的兩個表格用第二張圖的子母圓形圖來表示,有什麼好處?

表一:服裝店主類賣品利潤

類別	銷售額比例
女上衣	35%
女褲	22%
女裙	19%
女包	15%
男士類別	9%

表二:服裝店男士類別賣品利潤

類別	銷售額比例
男上衣	2%
男褲	4%
男包	3%

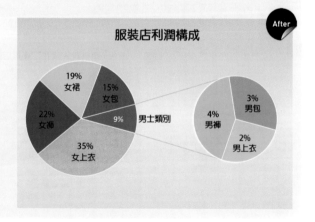

應用分析

仔細分析這兩個表格，可以得知第二個表格是第一個表格最後一項資料的細分。但這樣的資訊，在第二張圖表中，只要一眼就能看出來了。第二張圖表十分清楚地將資料之間的附屬關係表現了出來，同時，用圓形圖來表現表格中的資料，還可以提升資料的可讀性，讓觀眾直接從圓形圖的切片面積來認知比例大小。

類別	比例
女上衣	35%
女褲	22%
女裙	19%
女包	15%
男上衣	2%
男褲	4%
男包	3%

雖然本例將兩個表格中的資料用一個子母圓形圖表現了出來，但圖表的來源資料可是只有一個表格的喔！如左圖所示。

拓展延伸

之所以將表格資料轉換為圖表，目的就是希望能呈現數字不容易表現的資料對比、趨勢等資訊。根據要表現的資料重點不同，所使用的圖表也會不同，而透過組合圖表，就可以呈現更多種的資料關係。

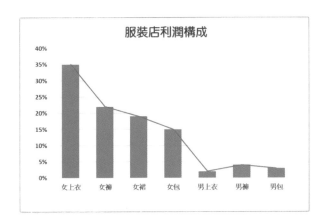

表現資料比例大小和趨勢的組合圖表

左圖是直條圖和折線圖組成的組合圖表，直條圖可以表現服裝店各分類的利潤比例大小，而折線圖則可以表現出女士類別的用品到男士類別的用品銷售量呈下降趨勢。

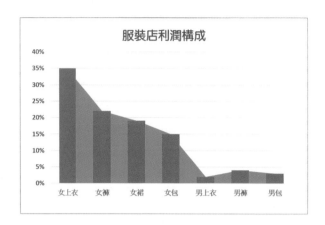

重點表現資料趨勢的圖表

同時表現資料比例大小和趨
勢的組合圖表還可以用左圖
的直條圖加區域圖來表示。
不同的是，左圖的區塊比折
線更能強調量的大小這種概
念，因此它所表現出來的銷
量趨勢會更強烈一些。

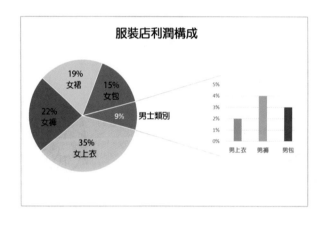

表現資料比例關係、包含關
係及對比關係的組合圖表

左圖的組合圖表用圓形圖表
現了服裝店利潤比例的構
成，又用圓形圖和直條圖表
現了利潤之間的包含關係，
還用直條圖強調了男士類別
賣品的利潤對比。和前面兩
張圖表不同，這樣的組合是
由子母圓形圖（將右邊的圓
形圖設為透明狀態）加上獨
立的直條圖組合而成。

8

一樣的資料，不一樣的圖表

8-1 不要欺騙觀眾，但可以引導觀眾

老大啊，Boss 說找做的圖表反映不出公司產品銷量的優勢，但找又不能作假，怎麼辦啊？

對啊！做人要厚道，怎麼可以欺騙觀眾呢？不過嘛……你為什麼不引導觀眾呢？

情境思考

1. 在第一張圖中，銷量最好和銷量最差的產品相差了百分之多少？

2. 在這兩張圖中，哪張圖讓你覺得資料有明顯的差別？

3. 在這兩張圖中，哪張在不作假的情況下，更能引導觀眾看出差別？

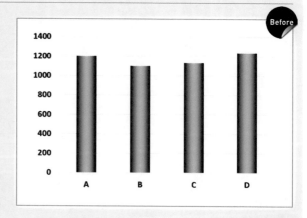

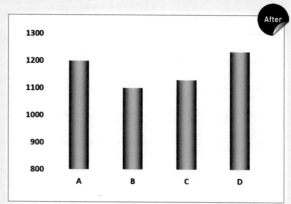

應用分析

如果多項資料的差距並不大，那麼簡單的比較就不能表現相對的優勢。這時只需改變座標軸的起點，就能明顯地放大其中的差距。在本例中，銷量最好和銷量最差的差別其實並沒有超過 15%，也就是說，第一張圖雖然比較客觀，但為了突顯資料當中的差別，改變座標軸的起點來放大刻度間距值，就能在視覺上讓觀眾覺得資料間是有落差的。放大的關鍵就在於，座標軸的起點設定足以改變視覺關係。

技術要點

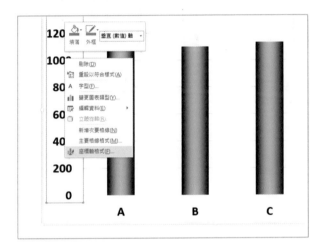

STEP 1 在垂直座標軸上點擊滑鼠右鍵，打開「座標軸格式」窗格。

Tips：圖表的元素不只一個，所以選擇不同元素會打開不同的格式設定窗格。

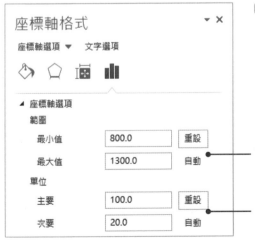

STEP 2 在「座標軸選項」籤頁下，設定「範圍」和「單位」值。

範圍：可自行輸入最小值、最大值等參數，設定時可根據預覽效果來反覆調整。

單位：系統會根據使用者輸入的資料範圍，自動確定合適的主要、次要參數。

Boss 要的是差距，看到了嗎？在不改變資料的情況下，這樣就能突顯差距了喔！而且差距還可以隨心所欲做調整！

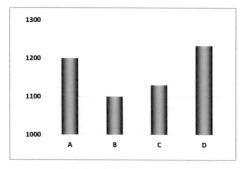

起點最小值為 1000 的效果

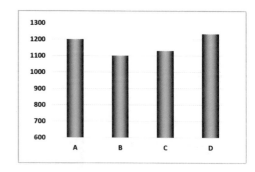

起點最小值為 600 的效果

8-2 不要小看文字的圖片填滿效果

我總覺得用區域圖來表示資料隨時間變化的趨勢會不太明顯，大家
都會去注意數值的大小，而不是變化趨勢。

你想用區域圖表現資料不同時期的數量，並進一步引起觀眾對數量
變化的注意，不妨試著將區域圖的輪廓表現得更加明顯啊！

情境思考

1. 比較這兩張圖，哪一張
   更能強調資料的趨勢？

2. 你知道第二張圖的效果
   是怎麼做出來的嗎？

3. 你能指出第二張圖是哪
   種類型的圖表嗎？

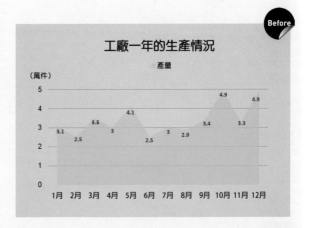

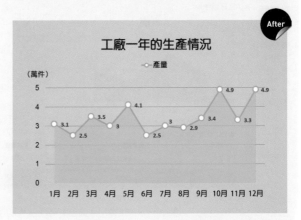

應用分析

比較這兩張圖表，顯然加深輪廓邊緣的第二張圖表，更能讓觀眾注意到資料的變化趨勢。然而第二張圖表的效果，並不是單純為第一張圖表的綠色色塊添加輪廓線這麼簡單，而是將圖表的類型改為組合圖表——由折線圖和區域圖組合而成。改變過後的圖表，比單一的折線圖或區域圖看起來更豐富和諧。

	A	B	C
1		產量	產量（折線）
2	1月	3.1	3.1
3	2月	2.5	2.5
4	3月	3.5	3.5
5	4月	3	3
6	5月	4.1	4.1
7	6月	2.5	2.5
8	7月	3	3
9	8月	2.9	2.9
10	9月	3.4	3.4
11	10月	4.9	4.9
12	11月	3.3	3.3
13	12月	4.9	4.9

讓我們來看看組合圖表的來源資料吧！如左圖所示，區域圖和折線圖的資料是相同的，只有這樣，折線圖的形狀才會與區域圖的輪廓相吻合。

技術要點

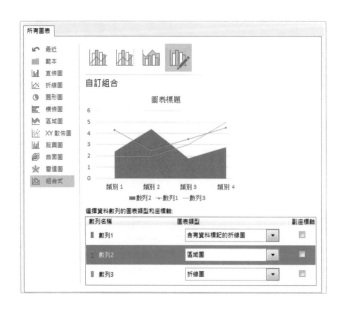

STEP 1 選擇自訂組合類型的圖表，並設定子類型圖表。

Tips：點擊每個數列旁的下拉按鈕，就可以從選單中選擇圖表類型。這裡我們只需要設定數列 1 和 2 即可。

STEP 2 編輯表格來源資料。

Tips：由於組合圖表預設的是三個數列，所以我們可以將數列 3 的資料刪除後再做編輯，或是編輯好資料後，只選取前兩個資料數列。

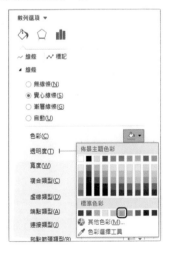

STEP 4 設定折線的顏色，並將寬度設為 3pt。

Tips：區域圖的顏色為淺綠色，折線圖的顏色為深綠色，這樣就能在突出折線的同時，保持它與圖表的統一性。

STEP 3 設定區域圖的顏色。

Tips：適當調高區域圖填滿色彩的透明度，既可增加圖表的柔和感，更能突出折線的線條，也就是區域圖的輪廓。

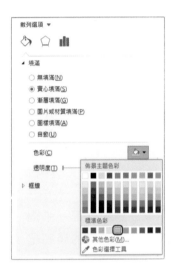

STEP 5 設定折線的標記。

Tips：標記的填滿色彩為白色，框線顏色和折線顏色一致，寬度為 1.75pt。

8-3 不要讓你的觀眾再做數學題

這次我保證我所做的公司業績統計直條圖沒有問題。但讓我不明白的是，經理說我的圖讓人看得好傷腦筋？

你的直條圖我看過了，圖表本身確實沒有問題，可是你忽略了一個問題。你的資料單位設定得太小，而公司業績太大，難道你要讓觀眾自己進行單位換算嗎？

情境思考

1. 你能立刻說出第一張圖表中公司每年的業績是多少嗎？

2. 看看第二張圖表，這次你能立刻說出公司每年的具體業績嗎？

3. 比較這兩張圖表，說說看，設定資料單位有什麼需要注意的地方？

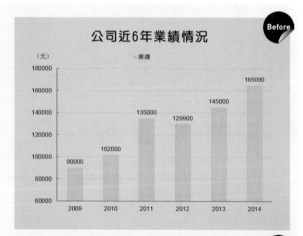

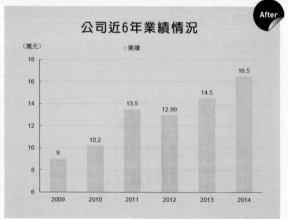

應用分析

這兩張圖表的資料是一樣的，但如果要說出第一張圖表中每年公司的業績，你就會發現，我們需要認真數出數字的位元數後再做單位換算。而第二張圖表則可以立刻看出不同年份的公司業績。由此得知，圖表中的資料單位要合理地設為最大值，不要讓觀眾再進行數學運算。

> 觀眾都喜歡貼心的演講者，你的 PPT 圖表越是簡單易懂，觀眾就越容易記住其中的內容。所以我們一定要注意細節，不要忽視單位這種「小」內容喔！

技術要點

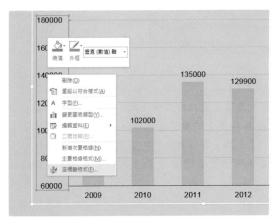

STEP 1 用滑鼠右鍵點擊圖表的垂直座標軸，打開「座標軸格式」窗格。

STEP 2 設定垂直座標軸的顯示單位。

Tips：你也可以先進行單位換算，然後直接修改垂直座標軸的最大值和最小值，不過修改顯示單位會快一點。

STEP 3 將垂直軸的單位由「元」改為「萬元」。

Tips：顯示單位中沒有「萬元」這個單位，所以要修改垂直軸的標題為「萬元」，做為垂直座標軸的資料單位。且將顯示單位改為「10000」後，可以看到垂直座標軸的數列和圖表上的資料標籤都自動除以 10000 後顯示。

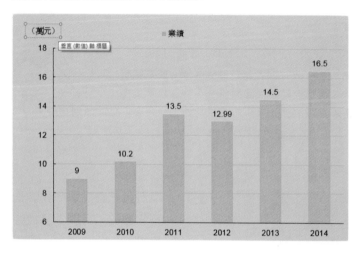

大家是不是很困惑，為什麼顯示單位中沒有「萬」、「十萬」、「千萬」這樣的單位呢？那是因為在英文的數字單位中，本來就沒有「萬」這個單位，因此「萬」、「十萬」等都會以「千」來累計運算。另外，如果你勾選了「在圖表上顯示單位標籤」，則座標軸旁邊就會自動顯示單位。

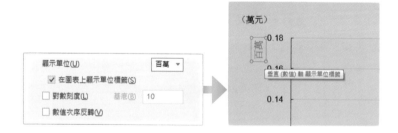

用雙軸座標表現資料的聯動

我想在一個圖表中呈現相同類別的不同資料，但共用座標軸後，圖表看起來沒辦法表現我想傳達的訊息，難道還是要用兩個圖表來呈現嗎？

你真是越來越好學了！告訴你吧，如果你想要表現同類別中的不同資訊，可以試試雙軸座標喔！這樣就能清楚將資料表現出來了。

情境思考

1. 你能看出第一張圖表想傳達的資訊嗎？

2. 你能說出第二張圖表想傳達的資訊嗎？這樣的資訊表達方式是怎麼實現的？

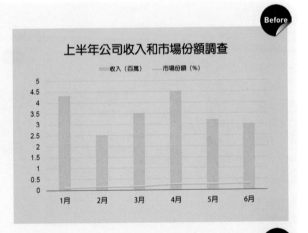

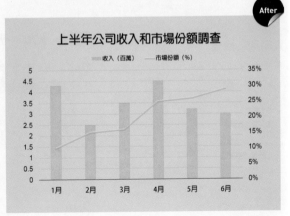

應用分析

觀察第一張圖表，從圖表中的圖例可以知道，黃色長條代表的是公司的收入數字，而藍色折線則代表了公司的市場份額，而且是以百分比表示的；但此圖表中的垂直軸是根據收入數值來設定，所以我們沒辦法從中看出市場份額的變化。而第二張圖表左邊的垂直軸是收入數值，右邊的垂直軸是市場份額百分比，同時用左右兩個垂直軸刻度來顯示兩組相關資料，資訊表達就很清楚了。

或許你會覺得，把第一張圖表修改為兩張圖表來呈現資料，感覺上會比較簡單，但這樣就不能很直接地看出兩種資料間的聯繫了。

技術要點

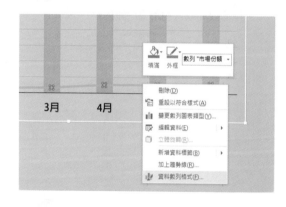

STEP 1 打開折線的「資料數列格式」設定窗格。

Tips：因為此時圖表垂直軸已標示了長條的資料座標，所以我們只要修改折線的資料座標即可。

STEP 2 點擊「副座標軸」。

Tips：這樣就可以設定折線資料數列繪製在副座標軸上，那麼兩組資料就不必共用座標軸，也不會產生衝突了。

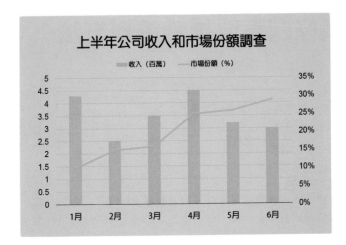

STEP 3　查看最終效果。

Tips：副座標軸就是在原來的主座標軸之外，再建立一個新的座標參照體系，兩個座標軸彼此獨立，分別位於圖表的左側和右側。

雙垂直軸座標圖表的兩個座標軸彼此獨立，因此可以設定不同的最大值、最小值範圍和分段間隔。所以如果要將本例圖表中的兩組資料都改為折線圖，藉以強調資料間的趨勢關係，那麼就要小心設定垂直軸的刻度數值了。如下圖所示，刻度的選擇會明顯改變折線間的關係。

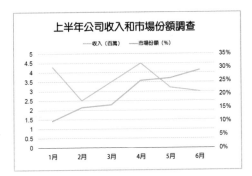

左邊垂直軸最大值為 5

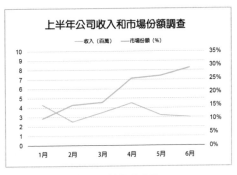

左邊垂直軸最大值為 10

8-5 巧妙的橫條圖資料標籤排列方法

我為了讓橫條圖的資料更加顯眼，就想要統一將資料標籤靠右對齊，可是居然沒辦法成功設定，真的氣死我了。

你又開始急躁了！不過想設定橫條圖的資料標籤統一靠右對齊，還真沒有直接的選項可以設定呢！但還是可以透過其他方法來巧妙實現喔！

情境思考

1. 比較這兩張圖表，哪一張的資料標籤更顯眼？

2. 你知道資料標籤的位置共有幾種設定選項嗎？

3. 想想看，要做出第二張資料標籤的排列效果，需要使用前面提過的什麼設定選項？

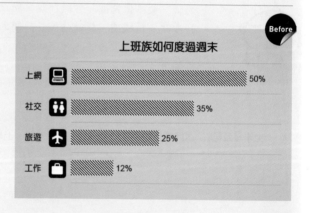

應用分析

因為第一張圖表設定了斜線的圖案填滿，所以若將資料標籤放在橫條旁邊，可能會干擾觀眾讀取資訊，且無法與左邊的圖示及文字對稱。而第二張圖表就解決了這些問題，但資料標籤的四種位置設定選項中，並沒有可以做出靠右對齊的選項，此時需要利用資料的副座標軸。

	系列 1
類別 1	12%
類別 2	25%
類別 3	35%
類別 4	50%

	系列 1	系列 2
類別 1	12%	12%
類別 2	25%	25%
類別 3	35%	35%
類別 4	50%	50%

現在就來比較一下這兩張圖表的來源資料吧！如左圖所示，其實第二張圖表新增了一組數據，只不過後來將它的填滿色彩設定為透明罷了。

技術要點

STEP 1 增加一組圖表資料數列。

Tips：此時在圖表上會新增一組資料數列橫條。

	A	B	C
1		系列 1	系列 2
2	類別 1	12%	12%
3	類別 2	25%	25%
4	類別 3	35%	35%
5	類別 4	50%	50%

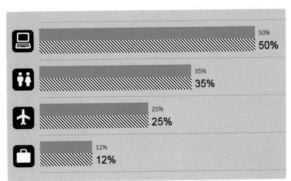

STEP 2 將新增資料數列繪製在副座標軸上。

Tips：打開新增資料數列的設定窗格，再點擊「副座標軸」選項，此時新增資料數列的橫條會覆蓋在原有資料數列橫條上。

資料數列格式

數列選項 ▾

▲ 數列選項
數列資料繪製於
○ 主座標軸(P)
◉ 副座標軸(S)
數列重疊(O) — 0%
類別間距(W) — 100%

STEP 3 選擇頂端的副座標軸。

STEP 4 勾選「數值次序反轉」。

Tips：這個動作會使座標反轉原本排列數值的方向，進而影響橫條方向。

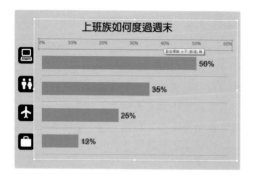

STEP 5 設定新增數列的資料標籤位置。

Tips：此時記得刪除原有數列的資料標籤。

STEP 6 設定新增資料數列的填滿、框線色彩皆為無。

Tips：最後要記得取消圖表頂端副座標軸的顯示。

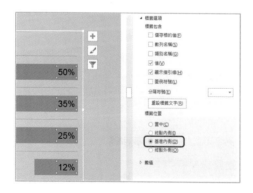

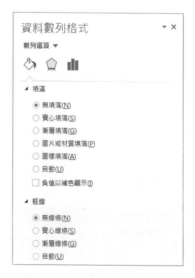

用並列對稱的橫條圖來表現對立資訊

我知道橫條圖、直條圖適合用來比較資料，可是如果我想強調資料的對立，其次才是比較資料的大小，該怎麼做呢？

如果想要突顯資訊本身的對立面，可以用一些小技巧，製作出方向左右相反的橫條圖，藉以表現事物本身的兩個相反面向。

情境思考

1. 仔細揣測這兩張圖表，它們所傳達的資訊重點有什麼不同？

2. 觀察第二張圖表，你知道這是用了什麼方法製作出來的嗎？

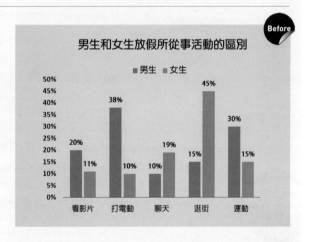

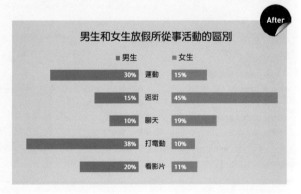

應用分析

第一張橫條圖重點表現的是男女選擇不同度假方式的比例對比，而第二張左右相對的兩組橫條則非常顯眼，強調的是資料本身的對比。如果想要做出第二張形式的橫條圖，需要將兩組資料分別繪製在不同的橫條圖中，並將兩個橫條圖並排對齊；由於這類圖表的外形很像氣旋，因此也被稱為「旋風圖」。

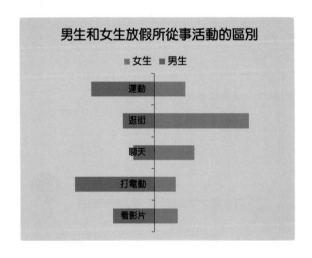

你可能會想，難道並列對稱的圖表不能用一張圖表來搞定嗎？如左圖所示，如果將資料繪製在同一張圖表中，就無法在兩長條中間顯示座標軸標籤名稱了。

技術要點

旋風圖的特點是，兩張橫條圖的長條會沿著中間的垂直軸，分別向左右兩個方向延伸。製作方法是將其中一張圖表的水平座標軸改以「數值次序反轉」方式顯示，那麼就能呈現出沿左右兩側伸展的旋風圖了。

STEP 1 繪製兩張橫條圖。

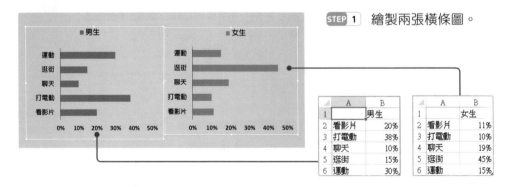

STEP 2 打開左邊圖表的「座標軸格式」設定窗格。

STEP 3 設定座標軸為「數值次序反轉」。

Tips：這樣可以設定左邊圖表的橫條方向向左。

STEP 4 刪除不需要顯示的元素，並將兩張圖表對齊排列。

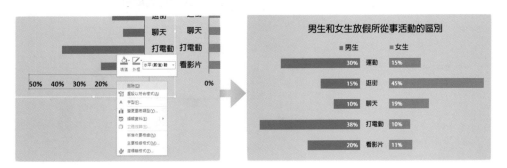

8-7 正確表達含有負數資料的圖表

老大，我發現如果圖表的來源資料有負數，則圖表的座標就會出現對應的負座標。可是我覺得它看起來老是怪怪的，是不是有什麼地方我沒有設定好？

如果你的圖表中有負數，就要注意一些事項啦！例如圖表的顏色是否得當、座標軸標籤的顯示位置是否妨礙了資訊的傳達等問題。

情境思考

1. 你能說明第一張圖表有什麼問題嗎？需要怎麼改進？

2. 第二張圖表的座標軸標籤有什麼特點？它是怎樣實現的？

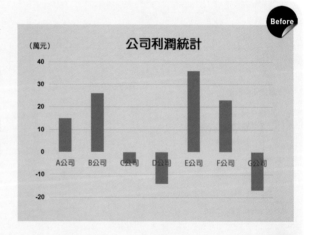

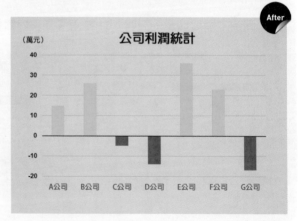

應用分析

這兩張圖表的資料有正數和負數，從邏輯上來看，第一張圖表並沒有錯誤，但首先水平座標軸的標籤顯示方式會與部分資料數列重疊，進而影響圖表內容的呈現；其次就是應該加強圖表長條的意義，用紅色來表示負數，用綠色來表示正數。

將本例水平座標軸的標籤顯示位置設定在圖表下方，而垂直座標軸維持在原處，就可以增加圖表資訊的清晰度。此外，設定水平座標軸的線條（即垂直座標軸刻度 0 的位置）為顯眼的黑色，還能在圖表中發揮分隔正負數的功用。

技術要點

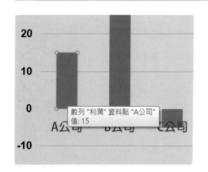

數列 "利潤" 資料點 "A公司"
值: 15

STEP 1 點兩下其中一個直條。

Tips： 因為圖表中的直條屬於同一個資料數列，所以若只點擊一下，選取的會是全部的直條，所做的設定也會套用到全部的直條上。

STEP 2 設定代表正數的直條顏色為綠色，代表負數的直條顏色為紅色。

Tips： 在商業範疇中，紅色通常與損失有關，所以用紅色來代表負數是很有意義的。

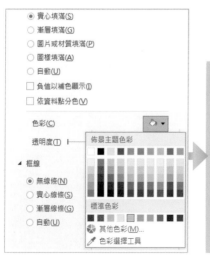

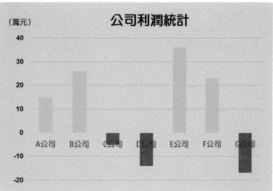

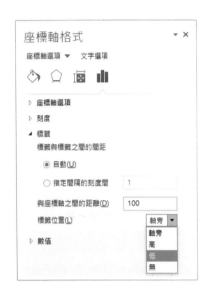

STEP 3 設定水平座標軸標籤的位置為「低」。

Tips：此外，將水平座標軸的線條設定為黑色，還能分隔圖表中的正負數。

本例的座標軸標籤顯示問題還有一種解決方法，就是將水平軸和垂直軸的交叉位置在垂直軸上往下移，設定垂直軸座標最小值為交叉點，那麼圖表的水平軸就會顯示在垂直軸的最底部，同樣也不會影響資料表達的清晰度，如下圖所示。

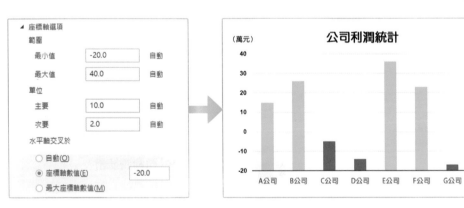

8-8 水平軸取值不均的圖表該怎樣繪製

最近需要統計某論壇不同時段的上線人數，可是我發現了一個棘手的問題，這份資料的取值不均啊，我該怎樣繪製圖表才準確呢？

你考慮問題真周全！水平軸取值不均的資料確實不能用一般的方法來繪製圖表，因為圖表會無法真實反映資料所透露的訊息。

情境思考

1. 你能分析出第一張圖表有什麼錯誤嗎？

2. 你能看出第一張和第二張圖表在本質上有什麼區別嗎？

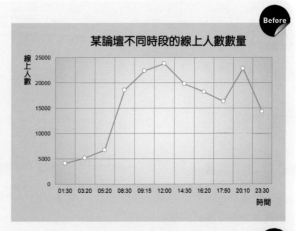

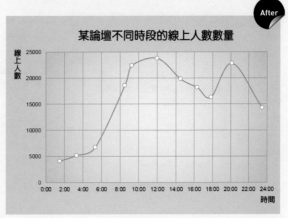

應用分析

第一張圖表的水平軸資料取值並不均等，但仔細觀察可以發現，水平軸刻度值之間的距離卻是均等的。也就是說，資料點之間的水平距離相同，但實質上的時間間隔卻不同，這樣一來就會導致圖表有誤導資訊的可能。透過分析還可以發現，第一張圖表本質上是折線圖，而第二張圖表本質上卻是 XY 散佈圖，它可以避免水平軸取值不均的問題。

> 將本例兩張圖表中的線條放在一起後，就可以清楚看見差異。

技術要點

STEP 1 插入圖表。

Tips：選擇帶有平滑線及資料標記的 XY 散佈圖，就可以清楚地表現資料的趨勢。

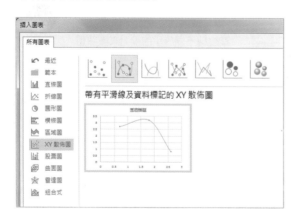

STEP 2 編輯圖表來源資料。

Tips：按照統計的資料輸入即可，因為是散佈圖，所以不用擔心取值不均的問題。

	A	B
1	時間	人數
2	01:30	4053
3	03:20	5124
4	05:20	6712
5	08:30	18521
6	09:15	22319
7	12:00	23750
8	14:30	19765
9	16:20	18129
10	17:50	16287
11	20:10	22765
12	23:30	14253

STEP 3 點兩下水平軸。

Tips：此時水平軸的座標刻度不符合需求，因此需要進行設定。

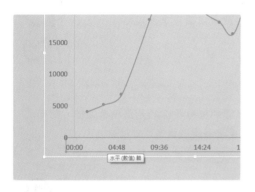

STEP 4 設定水平軸的範圍、單位。

Tips：最大值 1 即表示時間為 1 天。主要單位為 0.083333 即表示時間間隔為 2 小時，因為 1 小時為 1/24，等於 0.041667。

STEP 5 設定數值類別。

Tips：在「格式代碼」中輸入代碼，然後再點擊「新增」，這樣就可以讓水平軸最右邊顯示為「24：00」。最後還可以依照需求添加標題、調整圖表元素的格式、顯示格線。

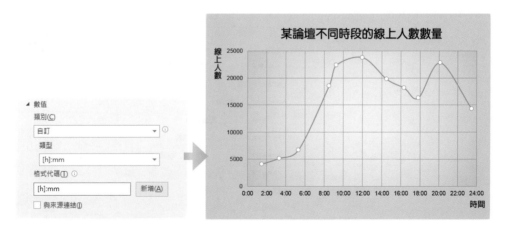

8-9 要表現專案的進度該用什麼圖表

我想將公司產品的銷售流程做成圖表，可是圖表好像只能表現數據，不能表現進度，這讓我很為難。難道我要放棄用圖表來表現進度嗎？

這你就有所不知啦！將橫條圖的部分長條設定為無填滿後，就可以巧妙地表現出專案的進度，這種圖表也稱為「甘特圖」！

情境思考

1. 你認為第一張圖表要呈現的是什麼資訊？

2. 你能從第一張圖表中，看出公司產品銷售流程所需的總時間嗎？

3. 說說看，把第一張圖表改為第二張圖表之後，有什麼不同？

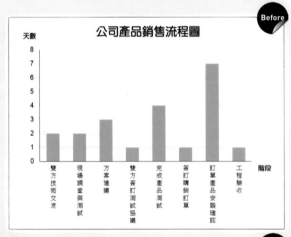

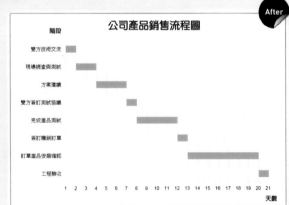

應用分析

這兩張圖表都表現了公司產品銷售環節的先後順序，以及各環節所需的時間。但在第一張圖表中，水平軸項目的名稱過長，顯然用橫條圖會更合適；且圖表中的資料只能看出各環節所需的時間，無法看出專案進行到某一環節時，前面總共花費的時間。而這些問題在第二張圖表中都獲得解決，觀眾可以更直接地看出專案的進展。

甘特圖簡單、醒目，可以直接表現專案的進展。其中水平軸方向代表時間，垂直軸方向可以代表專案環節名稱、編號等等。

技術要點

STEP 1 插入堆疊橫條圖。

Tips：群組橫條圖在同一水平線上只有一個長條，所以沒辦法完成後續隱藏同一水平線上之部分長條的操作。

STEP 2 編輯圖表來源資料。

Tips：「工程驗收」對應「天數 8」、「訂單產品安裝確認」對應「天數 7」，以此類推；同一行中與之不對應的天數，最後都將被隱藏。

	A	B	C	D	E	F	G	H	I
1	項目名稱	天數1	天數2	天數3	天數4	天數5	天數6	天數7	天數8
2	工程驗收	2	2	3	1	4	1	7	1
3	訂單產品安裝確認	2	2	3	1	4	1	7	1
4	簽訂購銷訂單	2	2	3	1	4	1	7	1
5	完成產品測試	2	2	3	1	4	1	7	1
6	雙方簽訂測試協議	2	2	3	1	4	1	7	1
7	方案建議	2	2	3	1	4	1	7	1
8	現場調查與測試	2	2	3	1	4	1	7	1
9	雙方技術交流	2	2	3	1	4	1	7	1

STEP 3 選取數列為「天數 1」的長條，並加以隱藏。

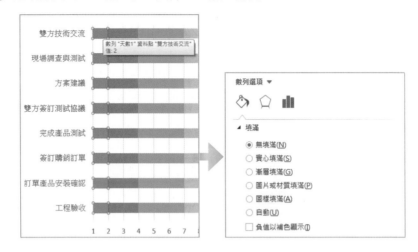

STEP 4 單獨選取與「雙方技術交流」相對應的「天數 1」長條，將其設定為綠色填滿。

STEP 5 按照同樣方法來完成圖表。

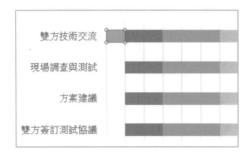

項目名稱	前面項目所需天數	天數
工程驗收	20	1
訂單產品安裝確認	13	7
簽訂購銷訂單	12	1
完成產品測試	8	4
雙方簽訂測試協議	7	1
方案建議	4	3
現場調查與測試	2	2
雙方技術交流	0	2

在資料量少的情況下，還可以將圖表資料編輯如左圖所示，最後再選擇「前面項目所需天數」數列的直條，將其設定為無填滿即可。

8-10 能表現實際數量與目標數量關係的基準圖

主管的要求太高啦！我用直條圖表現了公司的實際銷量和目標銷量，可是主管卻還是覺得不夠好。天啊，我還能用什麼圖表呢？

讓我想想！其實用直條圖來表達實際銷量和目標銷量的關係並沒有錯，只不過若能稍微修改一下，將圖表做成基準圖會更好，保證你的主管滿意！

情境思考

1. 哪張圖表能更直接表現實際銷量與目標銷量的關係，為什麼？

2. 第一張圖表有哪些不足之處？

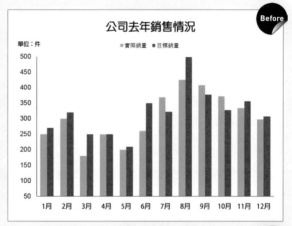

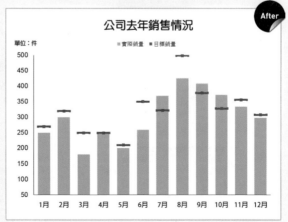

應用分析

分析這兩張圖表，第二張圖更能表現實際銷量與目標銷量之間的關係。因為第一張的直條圖較適合用於資料間的對比，而且在資料分類較多的情況下，直條圖的長條會比較多，導致觀眾在閱讀上有些困難。而將第一張圖表裡代表目標銷量的長條改為基準線後，圖表整體就明朗多了；而且實際銷量與目標銷量之間的關係，可以從長條和基準線的相交情況輕鬆判斷出來。

> 基準圖將每個時期的實際銷量顯示為直條，將每個時期的目標銷量顯示為基準線。如果直條正好與基準線相交，則代表實際銷量等於目標銷量；如果與基準線有高低差距，則代表實際銷量大於或小於目標銷量。

技術要點

> 基準圖實際上是直條圖和 XY 散佈圖的組合圖表。其製作重點是，目標銷量要對應圖表中的散佈圖，然後再為散佈圖添加誤差線，最後調整誤差線的格式即可。

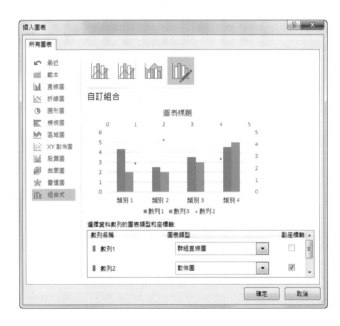

STEP 1 插入自訂為直條圖加散佈圖的組合圖表。

Tips：也可以先插入直條圖，編輯好資料後再選取「目標銷量」對應的長條，將該數列更改為 XY 散佈圖。

STEP 2　編輯圖表資料。

STEP 3　設定散佈圖在主座標軸上顯示。

Tips：這樣散佈圖與直條圖的水平軸座標才會是
相同的。

STEP 4　增加散佈圖誤差線。

Tips：先選擇散佈圖後，再增加誤差線元素。

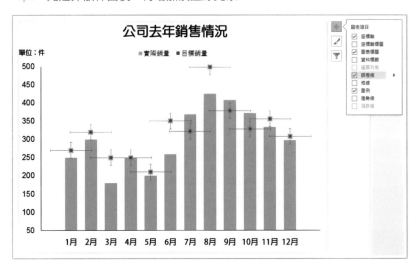

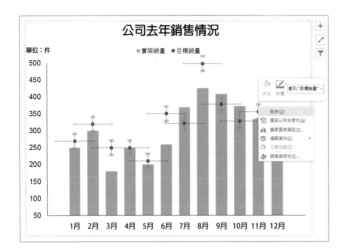

STEP 6 設定誤差量。

Tips：最後可以再視需求設定誤差線的寬度和顏色。